어린이 세계지도

어린이 세계지도

푸른길

차례

머리말

세계지도는 세계로 열린 창이자 세계를 바라보는 눈이다. 세계지도를 통해 세상의 많은 정보와 현상을 살펴볼 수 있다. 세계지도는 사람들이 세상의 모든 것들이 지닌 전체적인 경향이나 정보를 쉽고 빠르게 이해하는 데 도움을 주며, 그 용도에 따라 다양하게 만들어질 수 있다. 또한 지리 문해력에서 가장 중요하고 기초가 되는 위치 정보를 가지는 데 중요한 도구여서, 우리는 세계지도로 오대양 육대주를 배우고 대륙별 국가의 위치, 지형 등을 알아 간다. 특히 어린 시절에 세계지도를 자주 접할수록 세계를 쉽게 이해하고 지리 문해력과 지리적 상상력을 키울 수 있다. 그래서 어린이들이 어릴 적부터 세계지도를 자주 경험하도록 하여 세계에 대한 안목과 시야를 갖도록 하면 좋다.

어린이들이 스스로 정보를 모으고 그려 낸 세계지도는 어린이들이 바라보는 세계를 있는 그대로 보여 주는 창이다. 어린이들은 세계지도상에 세상의 국경·대륙·바다·지형·기후·삼림·화산·지진·동물 등의 자연환경을, 그리고 국가·국기·국화·랜드마크·인구·문화·전통의상·경제·수출·수입 등의 인문환경을 표현하고 있다. 이런 면에서 보면, 세계지도는 어린이들이 세계로 나아갈 수 있는 디딤돌이자 관문이다. 세계지도를 통해 자신들이 꿈꾸는 세상, 세상의 문제와 갈등 등을 적나라하게 보여 주고 어른들에게까지 그 길을 제시해 주기도 한다.

이 책은 어린이들이 그린 세계지도를 편의상 네 가지 주제, 즉 세계지도 일반, 문화 세계지도, 자연환경 세계지도, 경제·환경문제 세계지도로 나누어 구성하였다. 먼저 세계지도 일반에서는 어린이들이 세계지도 안에 그린 대륙과 대양, 대륙명과 대양명, 대륙 안의 국가 등을 볼 수 있다. 일반적인 세계지도의 성격을 고스란히 가지고 있는 세계지도를 만날 수 있고, 더 나아가 여기서는 어린이들이 지닌 세계에 대한 위치 정보, 기초적인 지리문해력 등을 확인할 수 있다.

다음으로 문화 세계지도에서는 세계지도로 표현한 글로벌 문화 내용을 보여 준다. 어린이들이 세계지도로 표현한 문화로는 세계의 전통의상, 유명 여행지, 작곡가, 축제, 음식, 문화유산, 랜드마크 등이 있다. 어린이들이 세계 문화로 이러한 요소들을 강하게 인식하고 있음을 알 수 있다. 어린이들은 문화의 다양성을 다양한 주제로 받아들이고 있으며, 세계의 문화다양성을 존중할 필요가 있음을 우리에게 강하게 제시하고 있다.

다음으로 자연환경 세계지도에서는 깨끗한 자연환경, 행복한 지구, 동물과 함께 사는 지구, 자연환경, 세계사랑, 생명수, 세계의 숲, 세계의 동물과 기후, 불의 고리, 하나된 세계, 물과 인간의 공존 등을 그려 내어 더불어 살아가는 세계의 아름다움을 보여 주며 지구의 자연환경을 사랑하고 보호하자는 메시지를 전한다. 다른 한편으로는 세계지도로 환경파괴, 지구 쓰레기, 아픈 지구, 지구 쓰레기 문제, 지구의 눈물, 멸종위기 동물 등의 심각한 지구환경의 문제를 고발한다. 더 이상의 자연환경 파괴가 있어서는 안 되고, 지구환경 파괴는 곧 인간의 생존 문제로 귀결됨을 강조하고 있다.

마지막으로 경제·환경문제 세계지도에서는 에너지 소비량, 세계 수출과 수입, 세계의 자동차 회사, 세계 기아지수, 세계 기후와 환경문제, 쓰레기 분리수거, 쓰레기 배출량, 대기오염도 등을 주제로 다룬다. 세계의 주요 경제지표를 활용해 세계의 환경문제를 세계지도에 표현해 환경문제의 심각성을 고발하고 있다. 나아가 우리에게 지구환경의 대책과 대안을 제시하고, 이를 삶 속에서의 실천이 시급함을 전하고 있다.

이 책은 교육부와 한국연구재단의 지원을 받아서 운영한 전주교육대학교 시민교육역량강화사업단의 사업 일환으로 출판되었다. 본서에 실은 세계지도는 본 사업단이 실시한 '어린이 세계지도 그리기 대회'에 출품한 작품 중에서 엄선한 것임을 밝혀 둔다. 본 대회에 참석한 어린이들과 해당 학교 선생님들께 이 자리를 빌려 감사드린다. 아무쪼록 본서가 어린이들이 꿈꾸는 아름다운 세계를 보호하고 가꾸는 데 일조하길 바란다. 그리고 본서를 아름답게 편집해 주고 만들어 준 ㈜푸른길 출판사의 관계자들께 감사드린다.

2023년 9월에

이경한

제1장

세계지도 일반

전북 전주교육대학교 군산부설초등학교 1학년 오하윤

제목: 무제

우리는 하나이다. 지구별의 사람들이 손에 손을 잡고 함께 살아가는 세계를 보여 주고 있다. 지구별의 육지를 녹색으로, 그리고 대양을 파란색으로 표현하였다. 지구 밖의 우주와 별은 검은 바탕에 노란색으로 나타냈다. 세계지도에 한국을 중심으로 하여 각 나라의 대표적인 상징물을 표현하고 있다. 미국의 자유의 여신상, 캐나다의 국기, 오스트레일리아의 오페라 하우스, 아프리카 대륙의 코끼리, 이집트의 피라미드, 러시아의 시베리아 횡단철도, 덴마크의 풍차, 프랑스의 에펠탑을 그렸다.

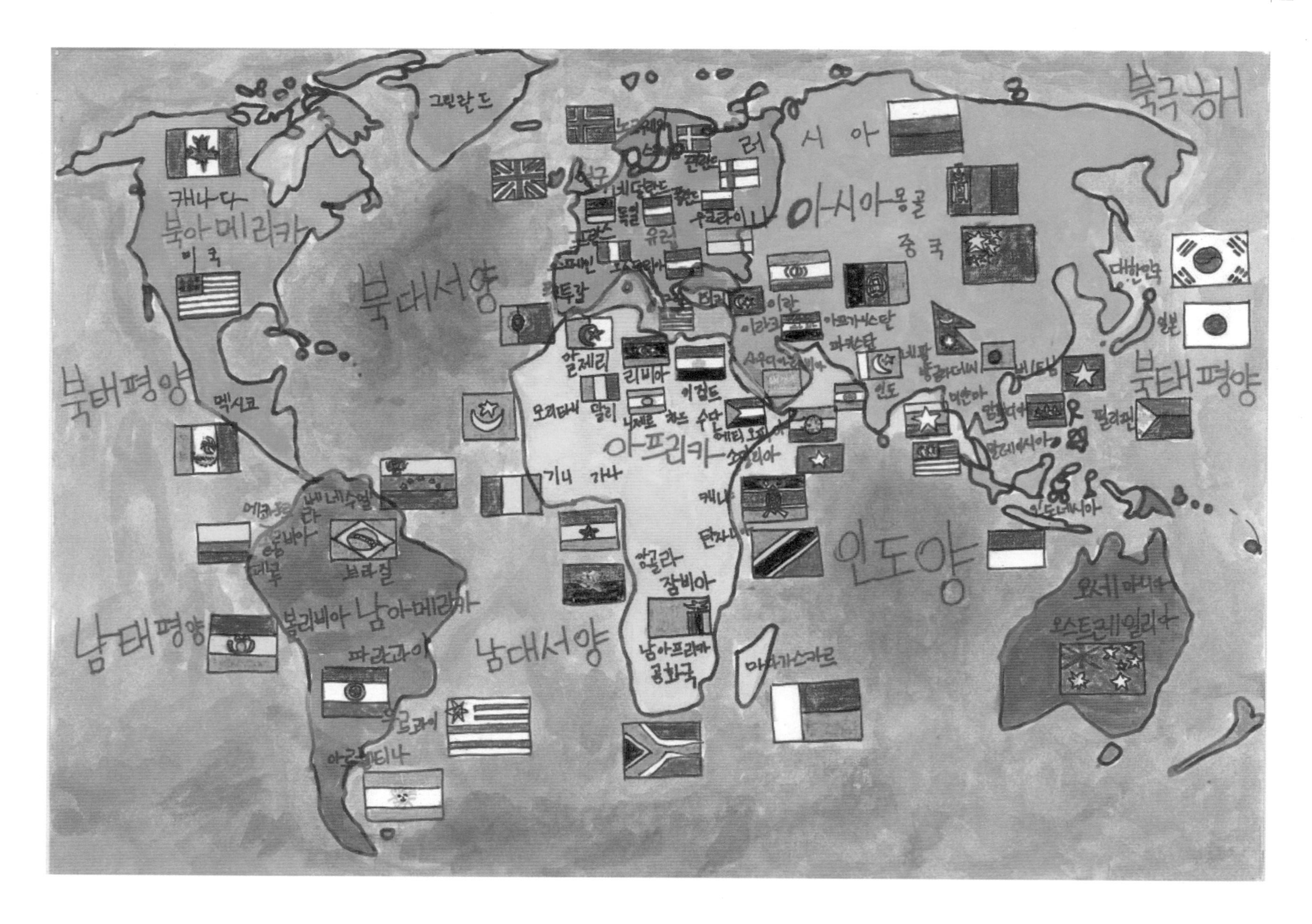
북극해
그린란드
캐나다
북아메리카
미국
북대서양
북태평양
멕시코
러시아
아시아
몽골
중국
대한민국
일본
북태평양
필리핀
유럽
이란
이라크
아프가니스탄
파키스탄
네팔
인도
베트남
말레이시아
인도네시아
인도양
오세아니아
오스트레일리아
알제리
리비아
이집트
말리
수단
아프리카
소말리아
기니
가나
케냐
탄자니아
앙골라
잠비아
남아프리카 공화국
마다가스카르
남대서양
브라질
페루
볼리비아
남아메리카
남태평양
파라과이
우루과이
아르헨티나

전북 전주교육대학교 군산부설초등학교 1학년 최서우

제목: 무제

대서양 중심의 세계지도 위에 아시아·아프리카·유럽·북아메리카·남아메리카·오세아니아 대륙을 표현하였다. 인도양·북대서양·남대서양·북극해·북태평양·남태평양을 표기하기도 했다. 특히 북태평양을 양쪽에 적어 아시아 대륙과 아메리카 대륙이 연계되어 있음을 보여 준다. 각 대륙을 다른 색으로 표현하여 구분하고 있으며, 각 대륙마다 주요 국가들의 이름과 국기를 그려 넣었다.

아시아
유럽
아프리카

전북 전주교육대학교 전주부설초등학교 1학년 임우성

제목: 우리는 세계를 사랑한다!

태평양 중심으로 아시아·유럽·아프리카·북아메리카·남아메리카를 그린 세계지도이다. 특히 우리나라와 제주도를 면적의 비율과 상관없이 아주 크게 표현하고 있다. 바다와 대륙에 대한 회화적인 표현이 인상적이다. 잠수선을 타고서 가족과 함께 바다와 다른 나라를 여행하는 즐거움을 표현하였다. 어린이다운 천진무구함이 세계지도에 잘 드러나고 있다.

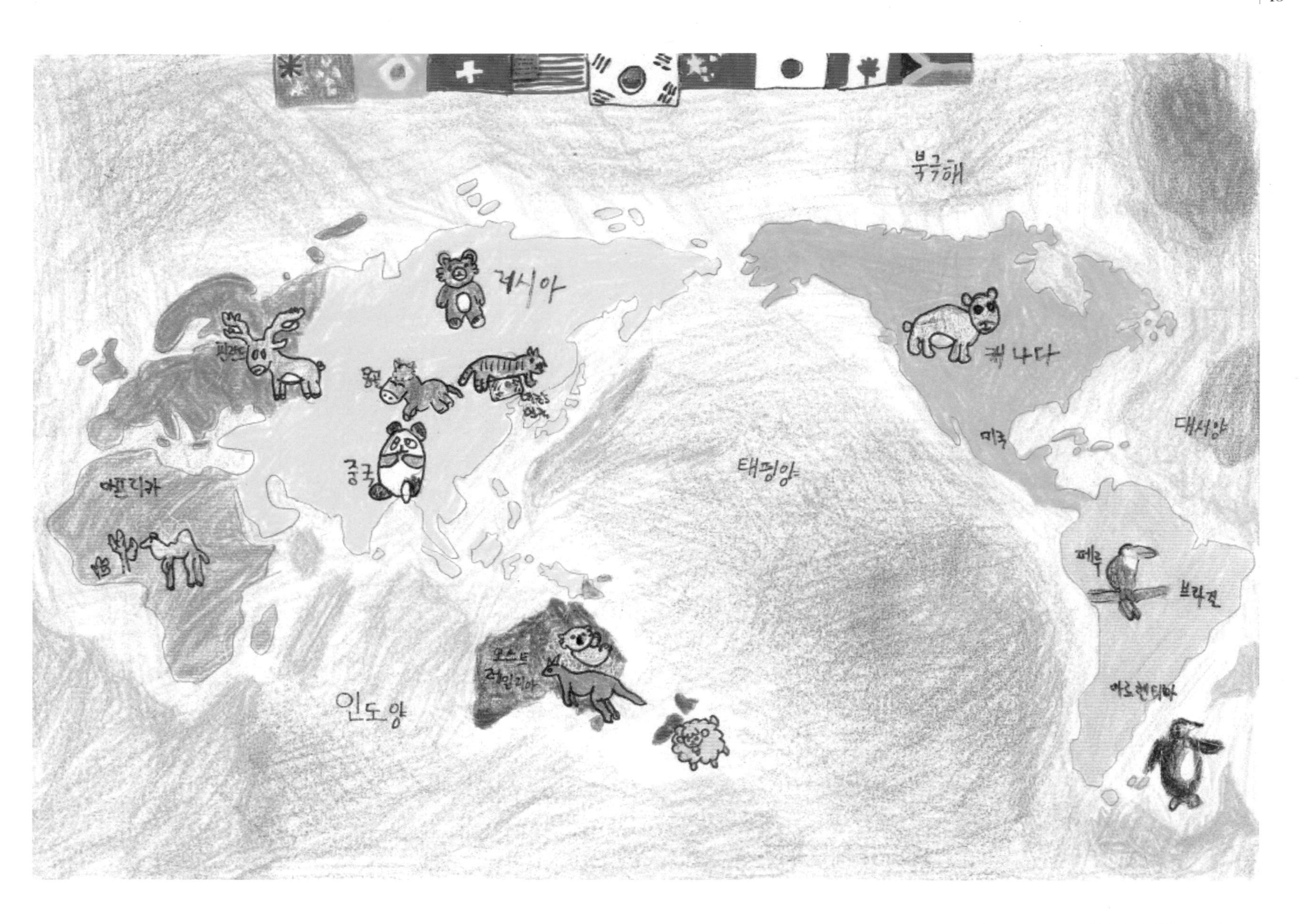
북극해
러시아
캐나다
미국
대서양
태평양
중국
아프리카
오스트
레일리아
인도양
페루
브라질
아르헨티나

전북 전주교육대학교 군산부설초등학교 1학년 김수현

제목: 무제

태평양을 중심으로 대륙과 대양을 그려 크레용으로 채색한 세계지도이다. 백곰, 호랑이, 캥거루, 코알라, 양, 낙타, 판다, 순록, 말, 앵무새 등 각 대륙을 상징하는 동물들을 그림으로 표현하였다. 중국·몽골·미국·핀란드의 위치가 실제와는 다르게 배치되어 있으며, 세계지도의 상단에는 아홉 개의 국가의 국기가 그려져 있다.

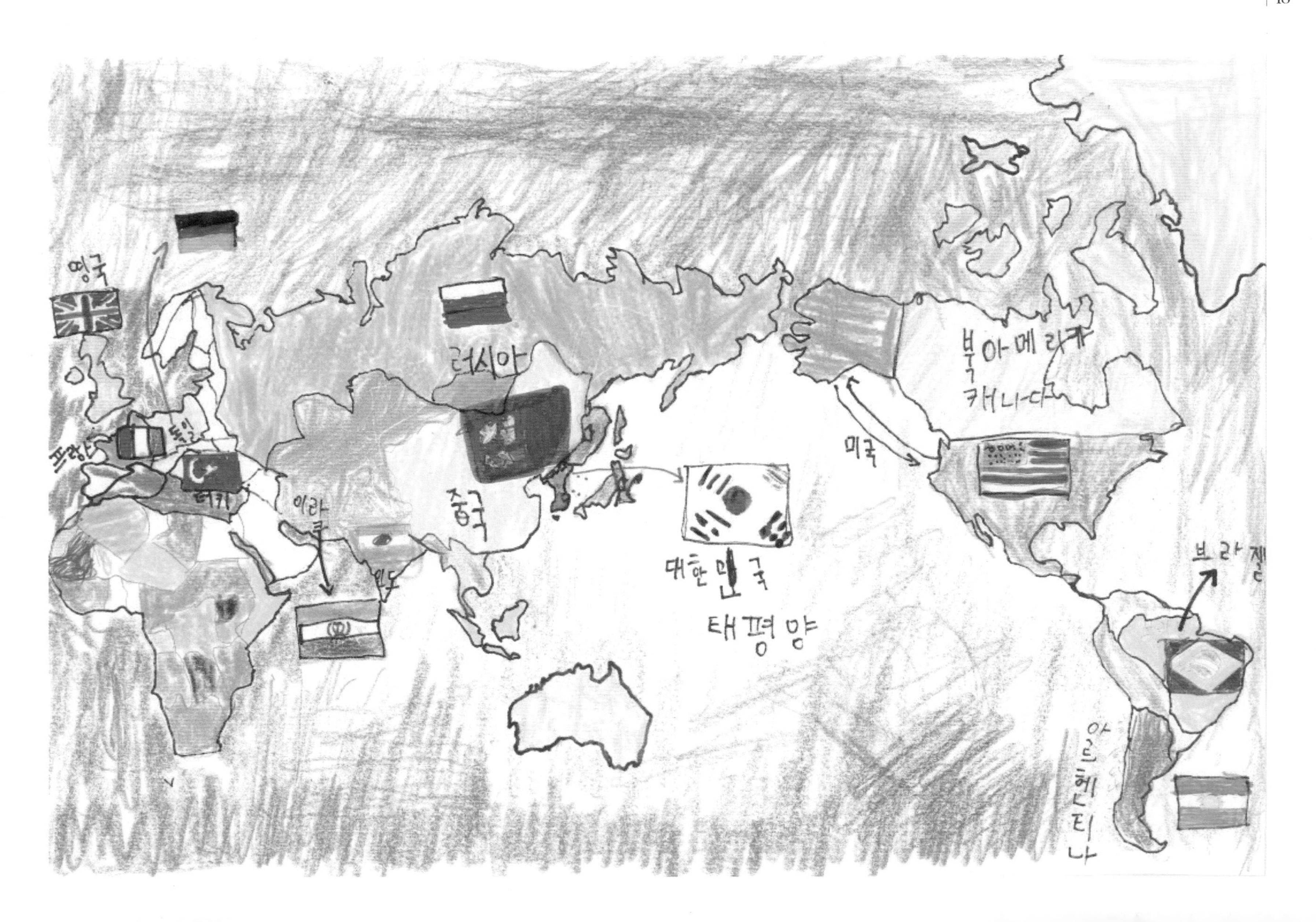
영국
독일
프랑스
터키
러시아
이라크
인도
중국
대한민국
태평양
북아메리카
캐나다
미국
브라질
아르헨티나

전북 전주교육대학교 군산부설초등학교 1학년 최준영

제목: 무제

태평양 중심의 세계지도 상에 주요 국가들을 크레용으로 채색하였다. 지도에는 북아메리카 대륙명과 태평양만을 표기하고 있다. 국가로서는 대한민국을 중심으로 하여 러시아·중국·영국·프랑스·독일·터키·이라크·인도·캐나다·미국·브라질·아르헨티나를 제시하였다. 각 국가들의 국기도 표현하고 있다. 알래스카를 녹색으로 채색한 후 화살표로 미국의 영토임을 표현한 점이 눈에 띈다.

유럽
아시아
대한민국 만세
북 아메리카
아프리카
오세아니아
남아메리카

전북 전주교육대학교 군산부설초등학교 1학년 오서준

제목: 무제

태평양을 중심으로 아시아·아프리카·유럽·남북아메리카·오세아니아를 색깔로 구분한 세계지도이다. 각 대륙을 상징하는 동식물과 건축물을 그렸다. 아시아 대륙에는 중국 전통의복과 판다, 유럽에서는 러시아의 마트료시카 인형·이탈리아의 콜로세움, 아프리카에서는 사자, 북아메리카에서는 자유의 여신상·세쿼이아나무·이글루, 남아메리카에서는 축구공·뱀·야자수, 오세아니아에서는 캥거루를 상징물로 제시하였다. 바다는 파란색으로 채색하였고 그 위에 유람선, 물고기, 오징어, 고래 그리고 하늘을 나는 새를 그렸다. 대한민국을 상대적으로 크게 그리고 있으며, 서준이와 서윤이를 세계지도 한가운데 그린 점이 눈에 띈다. 대한민국의 국기를 달고 있는 배를 타고서 세계를 여행하고 싶어 하는 마음이 고스란히 느껴진다.

러시아
네덜란드
독일
프랑스
프랑드
영국
오스트리아
터키
몽골
중국
대한민국
일본
캐나다
미국
멕시코
이탈리아
시리아
수단
인도
태국
중앙아프리카공화국
오스트레일리아
찰레
브라질

전북 전주교육대학교 군산부설초등학교 1학년 이루다

제목: 무제

태평양 중심으로 세계지도를 그렸다. 대륙의 전반적인 형태는 잘 그려 냈으나, 국가 이름에는 일부 오류가 보인다. 특히 아프리카 대륙에 위치한 이탈리아·프랑스·영국의 위치 혼선이 눈에 띈다. 국가들의 주요 상징물을 영토 안에 제시하기도 했다. 대한민국의 한옥, 몽골의 말, 중국의 판다, 인도의 타지마할, 네덜란드의 풍차, 미국의 자유의 여신상, 브라질의 커피 등이 그렇다. 아시아 국가는 대한민국·일본·몽골·중국·인도·태국·터키·시리아·요르단을, 유럽 국가로는 러시아·네덜란드·독일·프랑스·영국·오스트리아·이탈리아를, 아프리카 국가로는 중앙아프리카공화국을, 북아메리카 국가로는 캐나다·미국·멕시코를, 남아메리카 국가로는 브라질·칠레를, 오세아니아 국가로는 오스트레일리아를 제시하고 있다.

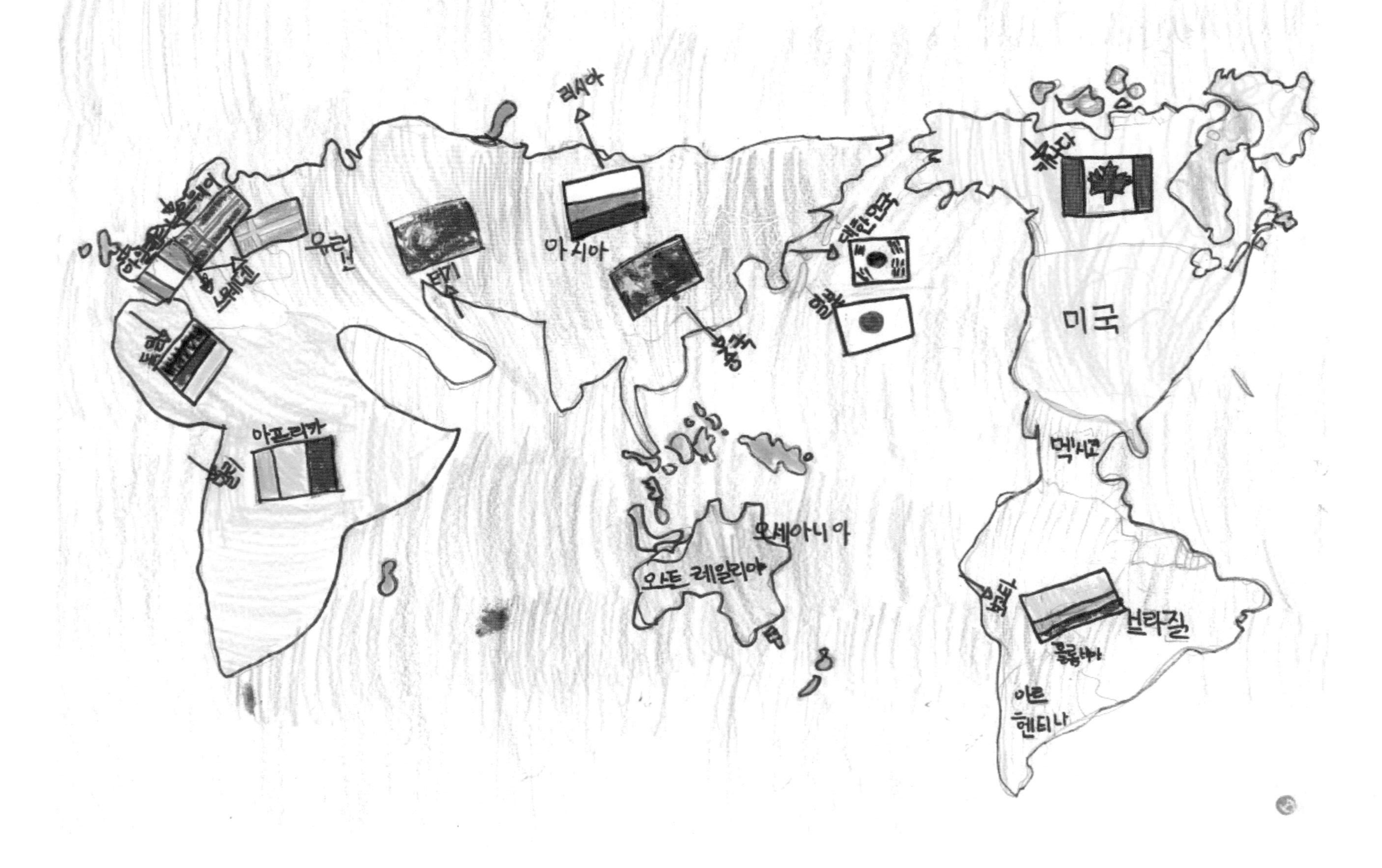
러시아
아시아
유럽
터키
중국
대한민국
일본
캐나다
미국
멕시코
브라질
콜롬비아
아르
헨티나
오세아니아
오스트 레일리아
아프리카
스웨덴

전북 전주교육대학교 군산부설초등학교 2학년 김아인

제목: 무제

대륙의 윤곽을 세심하게 그린 세계지도이다. 크레용으로 대륙과 대양을 다르게 색칠하여 대비시켰다. 아시아·유럽·아프리카·오세아니아 대륙에는 이름을 표기하였으나 아메리카 대륙에는 표기하지 않았다. 주요 국가의 이름과 국기를 그린 점이 눈에 띈다. 아시아와 오세아니아 대륙을 섬세하게 구분한 점이 인상적이나 유럽과 아프리카 대륙은 구분하지 않았다.

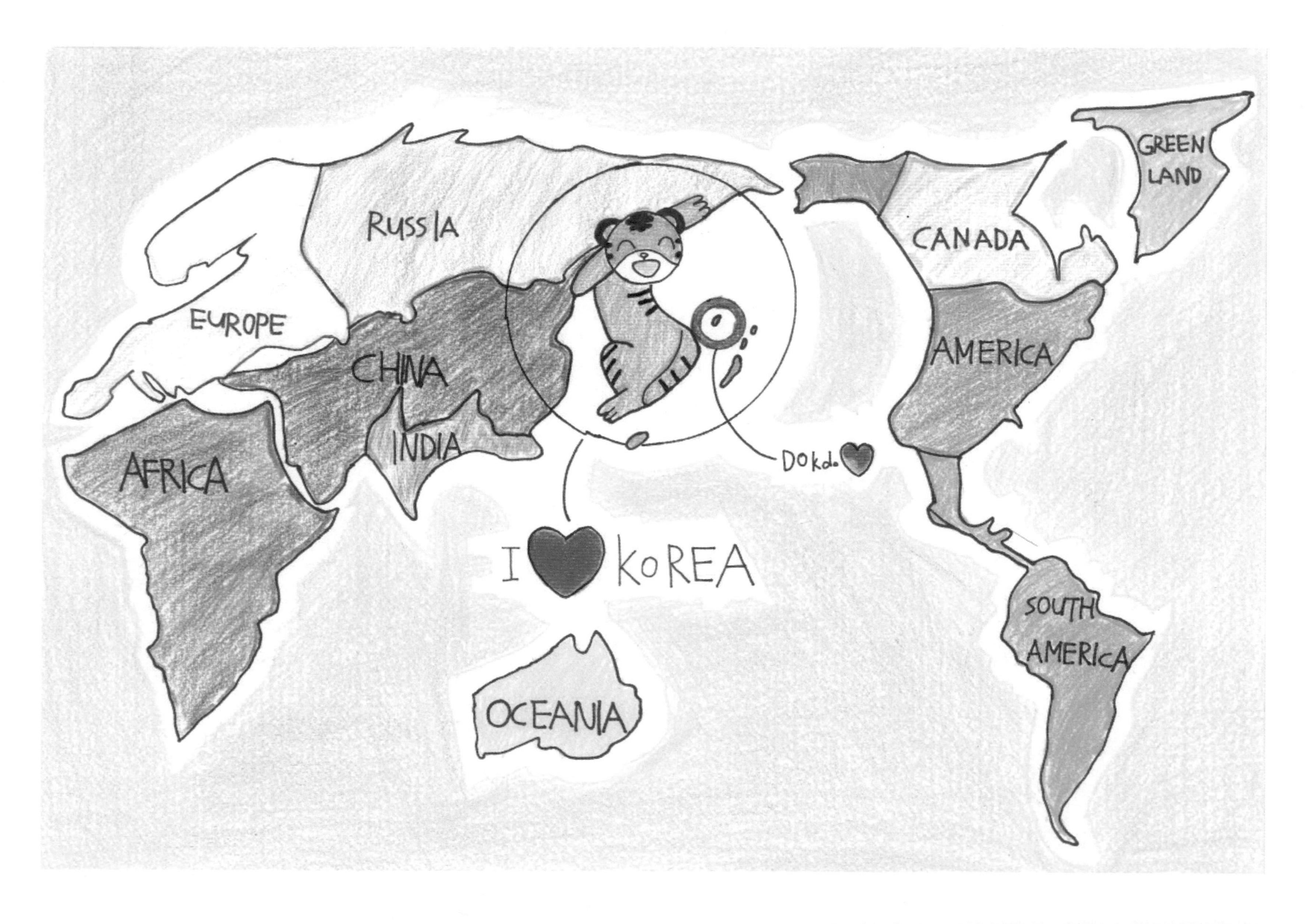

RUSSIA
EUROPE
CHINA
INDIA
AFRICA
CANADA
GREEN LAND
AMERICA
SOUTH AMERICA
OCEANIA
Dokdo
I ♥ KoREA

전북 전주교육대학교 군산부설초등학교 2학년 장서진

제목: 무제

대륙을 단순한 윤곽으로 그린 세계지도이다. 대륙의 선과 영문 표기는 어른의 도움을 받은 것으로 보인다. 한반도를 귀여운 아기호랑이 형상으로 나타내고 한국과 독도를 사랑한다고 강조하고 있다. 상대적으로 일본을 아주 작게 표현했으며 아프리카·유럽·남아메리카 등의 대륙명과 러시아·중국·인도·캐나다 등의 국가명을 혼재하여 지도를 그렸다.

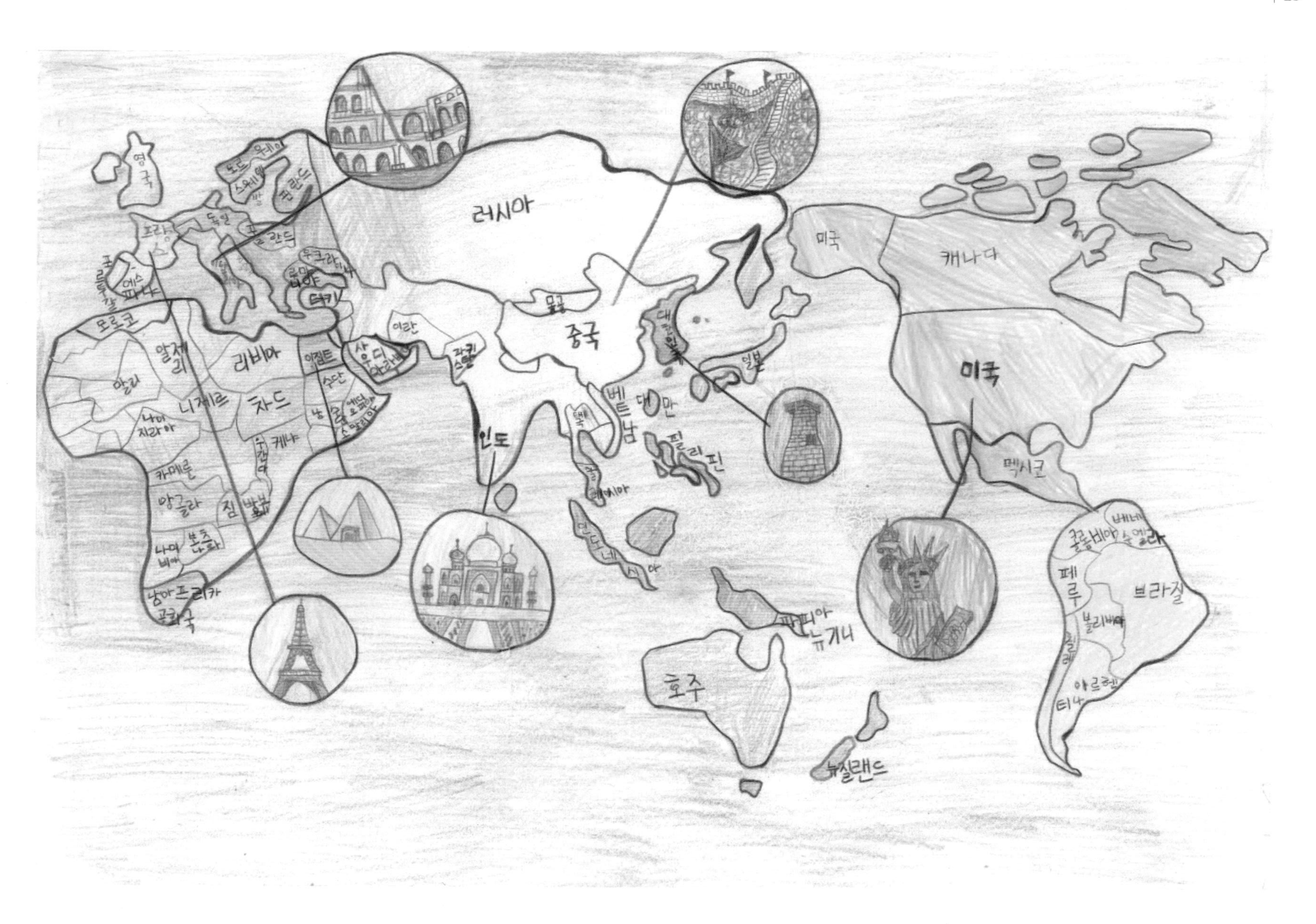
영국
프랑스
독일
폴란드
러시아
중국
인도
미국
캐나다
미국
멕시코
브라질
페루
호주
뉴질랜드
리비아
차드
니제르
알제리
말리
모로코
이집트
수단
카메룬
앙골라
이란
베트남
대만
필리핀
일본
케냐
뉴기니

전북 전주교육대학교 군산부설초등학교 2학년 김민우

제목: 무제

세계지도를 기본 지도로 하고서 크레용으로 대륙마다 다르게 채색하여 표현하였다. 한국의 첨성대, 중국의 만리장성, 이탈리아의 콜로세움, 이집트의 피라미드, 미국의 자유의 여신상 등과 같이 국가의 상징물을 동그라미 안에 그렸다. 특히 유럽과 아프리카, 남아메리카 대륙 국가들의 국경을 섬세하게 그려 내고 있다.

광주광역시 신용초등학교 4학년 김시준

제목: 무제

세계지도 위에 각 대륙의 상징물을 표현하였다. 크렘린궁·에펠탑·자유의 여신상·피라미드와 같은 인공물, 튤립·연꽃·무궁화·선인장·단풍잎·얼룩말·바오밥나무 등과 같은 동식물, 그리고 강강술래·원주민 등과 같은 문화 요소를 상징물로 지도에 그려 넣었다. 각기 다른 채색으로 대륙을 상징적으로 나타내고 있다.

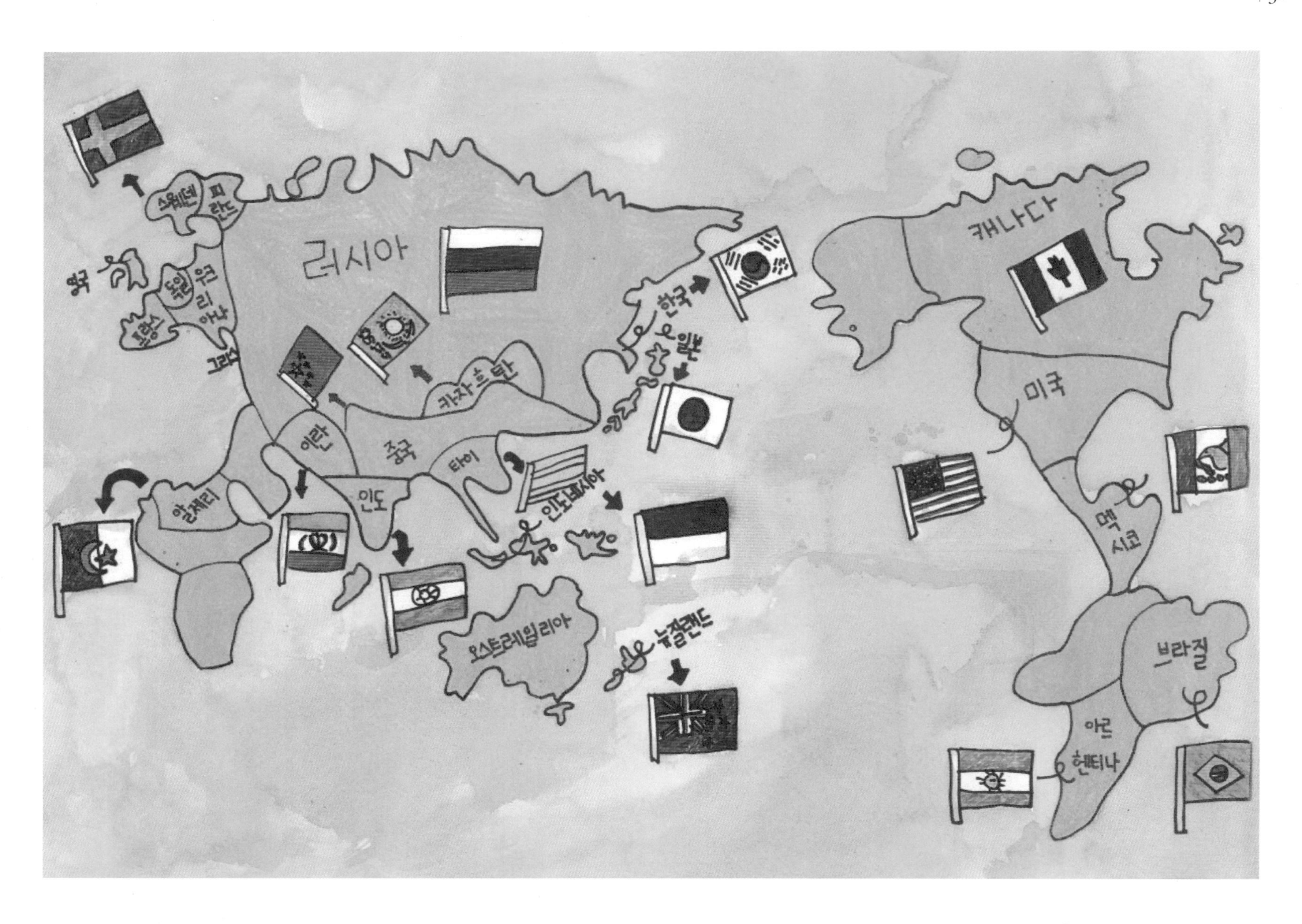

스웨덴
핀란드
영국
독일
우크라이나
프랑스
그리스
러시아
카자흐스탄
이란
중국
타이
인도
알제리
인도네시아
오스트레일리아
뉴질랜드
한국
일본
캐나다
미국
멕시코
브라질
아르헨티나

전북 전주교육대학교 군산부설초등학교 4학년 최예랑

제목: 무제

세계지도를 자신이 인지하고 있는 상태로 그리고 있다. 아시아와 북아메리카 대륙을 강하게 인지하고 있지만, 아프리카·유럽·남아메리카 대륙에 대한 인지는 낮은 수준이다. 한국·러시아·스웨덴·알제리·인도·미국·멕시코·브라질·뉴질랜드 등의 국기를 그린 점이 인상적이다. 특히 러시아에 대해서 넓게 인지하고 있는 점이 눈에 띈다. 반면 아프리카 대륙은 아주 작게 인지하고 있고, 중국 또한 작게 그리고 있다. 우크라이나·태국·아르헨티나·프랑스·알제리 등의 위치와 영토 크기도 다르게 그려져 있다. 아직은 국경과 국가 위치에 대한 인지가 어려운 듯하다.

세계 지도
프랑스
러시아
이집트
이란
인도
중국
한복
캐나다
미국
브라질
독일
대한민국
프랑스
캐나다
러시아
영국
중국

전북 전주교육대학교 군산부설초등학교 4학년 채지윤

제목: 각 나라의 다양한 것과 다양한 친구들

세계지도를 통해 세계에는 다양한 나라가 존재한다는 것과 다양한 문화와 상징물이 있음을 보여 주고 있다. 세계지도에서 아프리카 대륙을 작게 그린 점이 눈에 띈다. 한복·판다·오페라 하우스·축구공과 같이 각국의 상징물을 그렸으며, 지도 하단에 독일·한국·프랑스·캐나다·러시아·영국·중국의 국기를 넣어 지도를 완성하였다.

에펠탑
타지마할
피라미드
스핑크스
We're
the ONE

광주광역시 광주교육대학교 부설초등학교 5학년 신지호

제목: 우리는 하나다(We're the one)

세계지도와 국기들을 큐브로 표현하고 있다. 큐브의 앞면에는 대륙별 지도를 나누어서 상징물들을 그려 놓았다. 아시아와 북아메리카 대륙의 모양은 제대로 그리고 있으나, 유럽·아프리카·오세아니아 대륙 지도는 왜곡이 심한 편이다. 한편 큐브를 안고 있는 두 손으로 세계가 하나임을 드러내고 있는 점이 인상적이다. 지도 주변에 우주, 별, 지구, 인공위성 등을 배치한 점도 눈에 띈다.

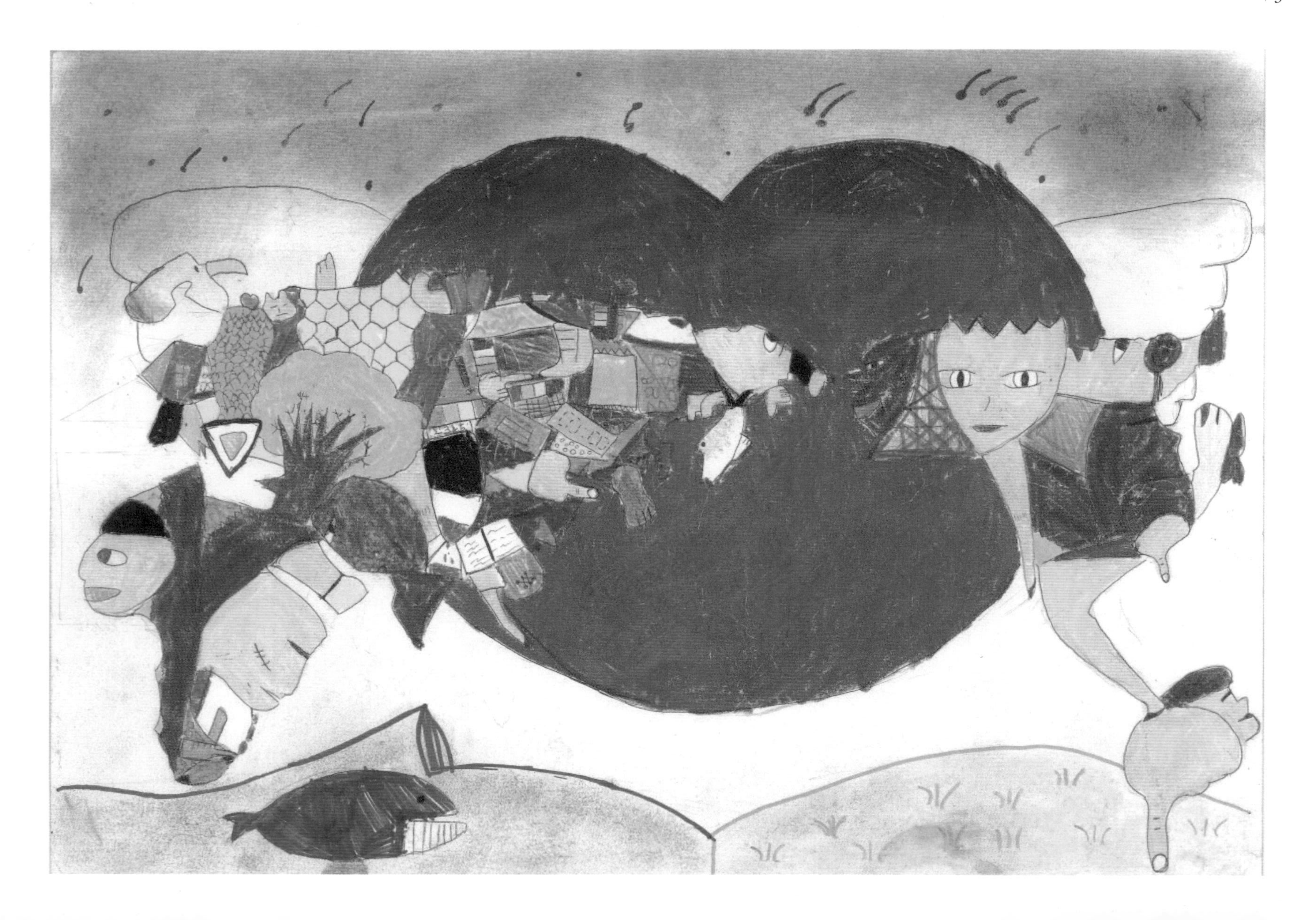

전북 전주교육대학교 군산부설초등학교 5학년 박예찬

제목: 세상의 모든 것

하트 모양을 바탕에 두고 모자이크 형식으로 그린 세계지도이다. 사람의 얼굴을 활용하여 각 대륙을 그렸으며, 인간은 물론 고래, 풀, 나무, 새, 물고기를 세계지도 안에 담았다. 세계지도를 통해 세상의 모든 것이 함께 어울려서 살아가는 세상을 제시하고 있다.

L O V E
NO. RACISM!

전북 전주교육대학교 군산부설초등학교 5학년 원나윤

제목: 인종차별 금지

둥근 원에 세계지도를 녹색으로 채색하여 표현했다. 세계지도 안에 어린이의 얼굴을 그리고 세계지도에 NO RACISM!을 제시하여 모두가 더불어 사는 세상에서 인종으로 사람을 차별해서는 안 된다는 메시지를 전하고 있다. 둥근 세계지도 양쪽에는 일상적인 풍경을 다채롭게 그려 넣었다.

영국
스웨덴
핀란드
러시아
카자흐스탄
폴란드
독일
프랑스
스페인
이란
중국
대한민국
일본
초밥
인도
타이
리비아
이집트
사우디아라비아
알제리
수단
남아프리카 공화국
오스트레일리아
뉴질랜드
캐나다
미국
멕시코
솜브레로
브라질
페루
볼리비아
칠레
아르헨티나
알파카

전북 전주교육대학교 군산부설초등학교 5학년 한유주

제목: 세계 속의 작지만 강한 대한민국, 우뚝 솟아라

대륙을 녹색으로, 그리고 바다를 판란색으로 물감으로 채색하여 그린 세계지도이다. 세계지도에는 주요 국가들의 상징물들이 그려져 있다. 상징물로는 에펠탑, 크렘린궁, 스핑크스, 타지마할, 자유의 여신상 등과 같은 인공물, 코알라, 알파카, 펜더곰과 같은 동물, 초밥, 축구공, 솜브레로 등과 문화물 등이 있다. 대한민국의 태극기와 무궁화를 중심으로 대한민국에 대한 자긍심을 강하게 드러내고 있는 점이 인상적이다.

북극해
핀란드
러시아
프랑스
중국
대서양
이집트
인도
인도양
오스트레일리아
남극해
태평양
미국
캐나다
미국
대서양
멕시코
브라질
아르헨티나

전북 전주교육대학교 군산부설초등학교 5학년 문시우

제목: 무제

대륙을 간략하게 윤곽을 중심으로 그린 세계지도이다. 지도 위에는 대륙별 주요 상징물을 표현하고 있다. 중국의 만리장성·판다, 미국의 자유의 여신상, 이집트의 파라오·피라미드, 오스트레일리아의 오페라 하우스 등을 표현했다. 바다에는 고래, 문어, 황새치 등을 그렸다. 세계지도 속 대륙의 모양은 많이 왜곡되어 있으나 각 대륙을 구분하기는 어렵지 않아 보인다.

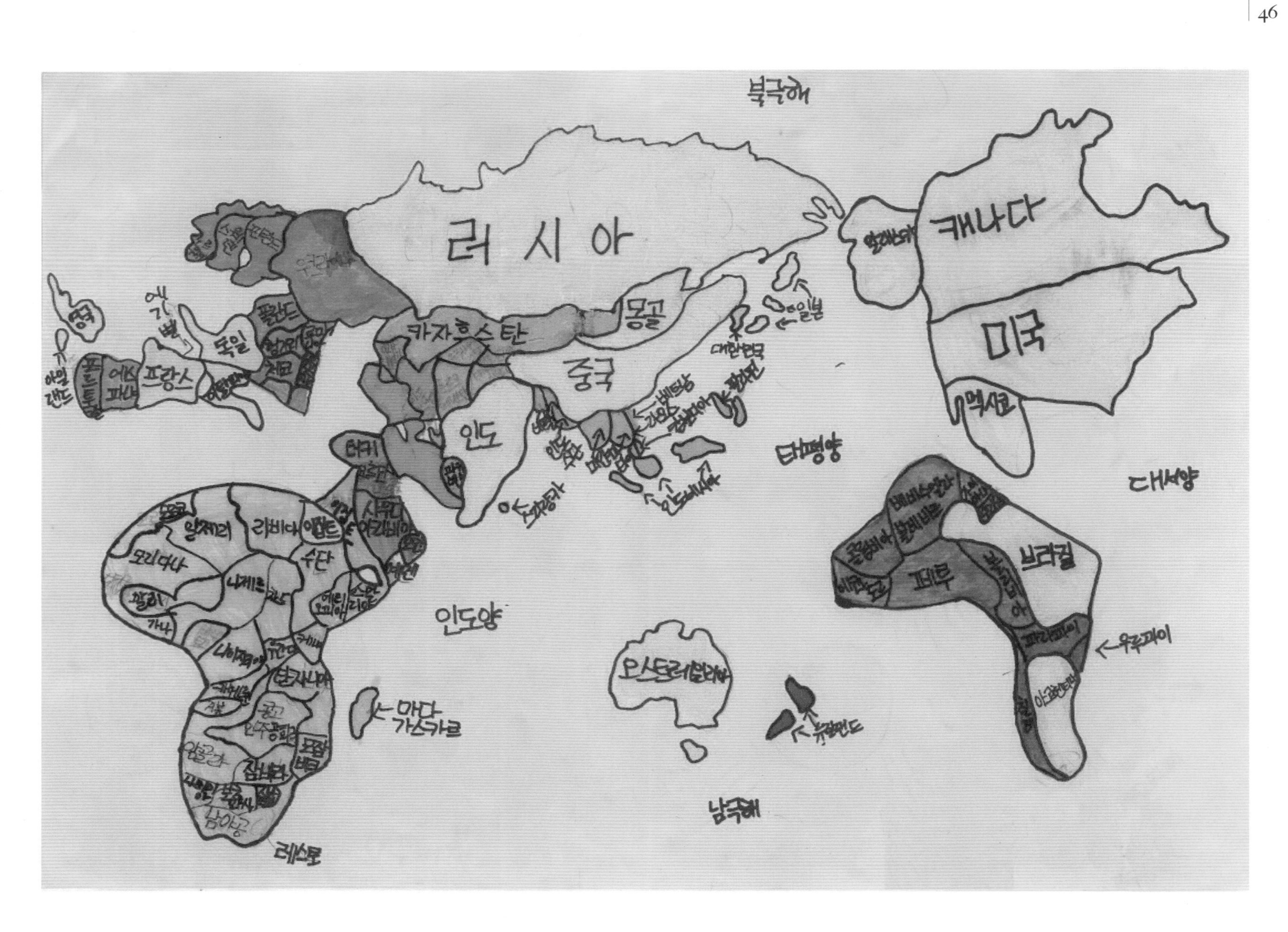

북극해
러시아
캐나다
미국
멕시코
몽골
카자흐스탄
중국
일본
대한민국
인도
터키
폴란드
독일
프랑스
영국
아일랜드
에스파냐
수단
리비아
이집트
알제리
모리타니
니제르
가나
탄자니아
마다가스카르
남아공
레소토
인도양
태평양
대서양
오스트레일리아
뉴질랜드
남극해
브라질
페루
콜롬비아
우루과이

대전광역시 하기초등학교 6학년 임성호

제목: 종이 한 장으로 세계를 품다

세계지도를 기본적인 윤곽만을 펜으로 그려서 표현하고 있다. 아프리카 대륙을 국가 단위로 상세하게 표현하고 있는 점이 특기할 만하다. 북아메리카와 남아메리카를 분리해서 그린 점이 인상적이지만, 미국과 알래스카의 구분, 남아메리카 국가들의 국경 표시 등에서 일부 오류를 보이고 있다.

러시아
알래스카
캐나다
미국
멕시코
페루
브라질
칠레
아르헨티나
몽골
중국
인도
파키스탄
이라크
이란
알제리
사우디아라비아
말리
소말리아
오스트레일리아
뉴질랜드
핀란드
폴란드
독일
프랑스
이탈리아

부산광역시 가야초등학교 6학년 이효민

제목: 국기로 표현한 세계지도

각 대륙의 국가 영토를 그 나라의 국기로 표현한 세계지도이다. 아프리카 국가들의 국기 표현이 섬세하게 이루어지고 있다. 국토 면적이 큰 나라들은 국기로 영토를 잘 표시하고 있다. 하지만 아프리카 대륙의 동부해안과 대한민국, 일본을 붙여서 표현하고 있어 한반도가 잘 드러나지 않는다.

중국
중국
캐나다
프랑스
독일
대한 민국
미국
그리스
일본
중국
이탈리아
인도
대한 민국
이집트
브라질
터키
(튀르 키예)
케냐
호주

부산광역시 분포초등학교 6학년 김재윤

제목: 신재생에너지로 멋진 현재를 지키는 나라들

세계지도를 기본도로 하여 각국의 상징물을 지도 위에 표현하고 있다. 대한민국의 광화문, 그리스의 파르테논 신전, 이집트의 스핑크스와 피라미드, 이탈리아의 피사의 사탑, 프랑스의 에펠탑, 미국의 자유의 여신상, 중국의 만리장성과 같은 인공물, 케냐의 초원과 기린, 오스트레일리아의 캥거루, 일본의 후지산, 캐나다의 나이아가라 폭포와 같은 자연물을 보여 주고 있다. 특히 세계지도에서 태양광발전, 풍력발전, 수력발전소 등과 같은 재생에너지를 표현하고 있는 점이 특기할 만하다.

전북 용흥초등학교 6학년 김지수

제목: 나라별 국화를 손에 들고 자연을 지키자!

대륙을 녹색으로, 바다를 파란색으로 농도의 차이를 가지고서 지형과 심해 정도 표현한 세계지도이다. 세계의 대륙을 지구본과 같이 표현하려고 한 점이 대서양에서 보여지고 있다. 다양한 인종과 다양한 나라의 국화들, 즉 튤립, 해바라기, 장미 등을 손으로 제시하고 자연을 아름답게 지켜 나가자는 메시지를 전하고 있다.

전북 전주교육대학교 군산부설초등학교 6학년 모수나

제목: 무제

둥근 별로서 지구를 밝은 달과 같이 그린 후, 그 안에 세계지도를 그려 넣었다. 각 대륙과 대양의 윤곽을 섬세하게 표현하고 있다. 지구별 아래에 다양한 문화를 지닌 사람들이 손에 손을 잡고 함께 어우러져 있다. 지구촌에서 함께 조화롭게 살아가고자 하는 의미를 강하게 전달하고 있다.

제2장

문화 세계지도

전북 전주교육대학교 군산부설초등학교 1학년 김서현

제목: 무제

각 대륙에 해당하는 국가의 국기를 표현한 세계지도이다. 영토가 넓은 나라의 경우에는 지역의 주기(州旗)도 그려 넣고 있다. 이 지도에는 각 대륙이나 국가의 상징적인 문화를 고유 의상을 중심으로 표현하고 있다. 거기에 북극곰, 펜더곰, 원숭이, 고래, 캥거루, 펭귄 등의 대표적인 동물을 그려 세계의 여러 나라들이 지닌 다양한 자연과 문화를 잘 표현하고 있다.

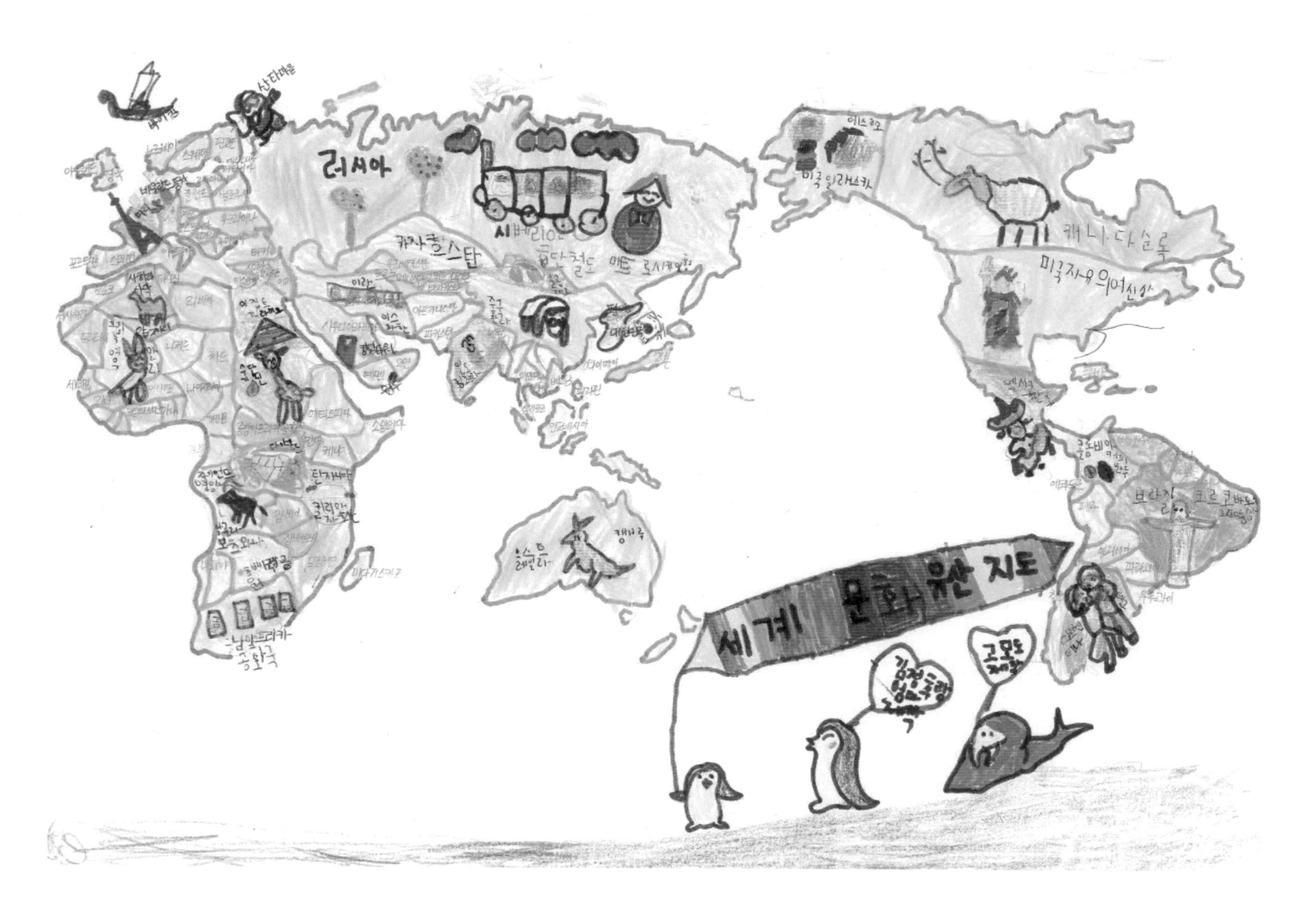

세계 문화 유산 지도
산타마을
러시아
카자흐스탄
캐나다 순록
미국 자유의 여신상
미국 알래스카
에스키모
브라질
캥거루
남아프리카 공화국

전북 전주교육대학교 군산부설초등학교 1학년 김정후

제목: 세계 문화유산 지도

세계지도를 그린 후에 국가의 국경선을 그려 넣었다. 주요 국가들의 상징물도 함께 표현했다. 이 지도의 제목에서 알 수 있듯이 판다·사막여우·영양·순록 등과 같은 동물, 시베리아 횡단 철도·에펠탑·피라미드·자유의 여신상 등과 같은 상징물, 바이킹·산타 마을·판초·에스키모 등과 같은 무형문화를 중심으로 세계의 다양한 문화를 소개하고 싶어 한다. 자연유산과 문화유산을 구분하지 않고 세계지도 위에 표현하였다.

북극해
유럽
아시아
중동
아프리카
인도양
오세아니아
태평양
북아메리카
대서양
남아메리카
남극해

전북 전주교육대학교 군산부설초등학교 1학년 조예서

제목: 무제

유럽·아시아·아프리카·아메리카·오세아니아 대륙을 물감과 크레용으로 채색하여 표현한 세계지도이다. 해양은 농도의 차이로 깊이를 표현하고 있다. 대륙의 표현과 함께 중동이라는 용어를 표기한 점이 특이하다. 이 지도는 문화요소와 자연요소를 함께 다루고 있다. 예를 들어, 문화요소로는 남아메리카의 커피·축구·멕시코 전통의상·한복·풍차·크렘린궁·마트료시카 등이 있고, 자연요소로는 침엽수림·얼룩말·사자·펭귄·물고기·야자수 등이 있다. 지도에는 배를 이용한 세계 여행의 의지도 보여 주고 있다.

goal

광주광역시 송원초등학교 2학년 배형율

제목: 무제

둥근 지구 안에 다양한 색깔로 대륙과 바다를 표현한 세계지도이다. 지구의 대륙은 화려한 색상으로 표현하고 있는데, 아프리카와 대륙의 표현이 실제 대륙 모습과 차이가 크다. 대륙에는 해바라기, 단풍잎, 무궁화 등의 나라꽃을 그렸고, 바다는 파란색으로 농도를 달리하여 채색하였다. 지구 위에는 주요 국가의 랜드마크를 중심으로 다양한 문화적 상징물을 그렸다. 아름다운 지구에서 다양한 문화와 자연이 조화롭게 펼쳐져 있다.

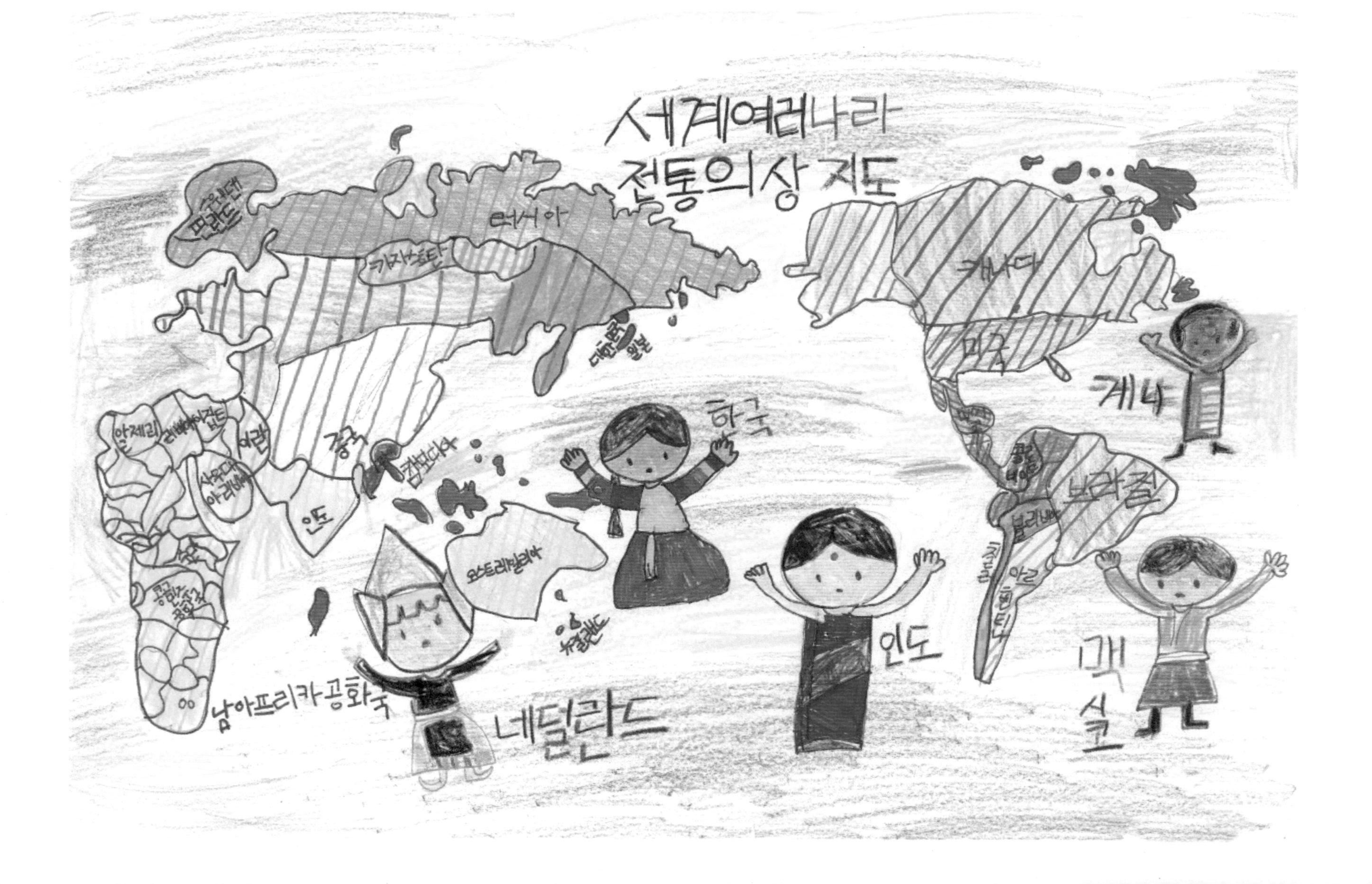

세계여러나라
전통의상 지도
러시아
카자흐스탄
캐나다
미국
게나
한국
중국
인도
오스트레일리아
뉴질랜드
브라질
인도
네덜란드
남아프리카공화국

전북 전주교육대학교 군산부설초등학교 2학년 이지온

제목: 세계 여러 나라 전통의상

6대륙의 특성을 반영하여 그린 세계지도이다. 대륙마다 국경을 구분하고 있지만 아프리카와 유럽, 아시아 대륙의 왜곡이 많이 나타나고 있다. 한국·인도·네덜란드·케냐·멕시코 등 주요 나라의 전통의상을 국가의 위치와 상관없이 지도에 그려 넣었다.

여러나라의 전통의상
영국
그리스
프랑스
러시아
카자흐스탄
몽골
중국
터키
이란
인도
대한민국
일본
미국
캐나다
그린란드
아이슬란드
멕시코
브라질
콜롬비아
페루
칠레
아르헨티나
이집트
리비아
알제리
모리타니
말리
니제르
차드
수단
나이지리아
콩고
앙골라
잠비아
나미비아
남아프리카 공화국
케냐
베트남
오스트레일리아

전북 전주교육대학교 군산부설초등학교 2학년 서도훈

제목: 여러 나라의 전통의상

크레용을 이용하여 대륙별로 채색을 달리하여 표현한 세계지도이다. 기존 세계지도를 기본도로 하여 국경을 표시하였다. 아시아의 대한민국 · 일본 · 베트남 · 중국, 아프리카의 이집트 · 케냐, 유럽의 그리스 · 프랑스 · 영국, 그리고 아메리카의 미국 · 멕시코 · 브라질의 전통의상을 소개하고 있다.

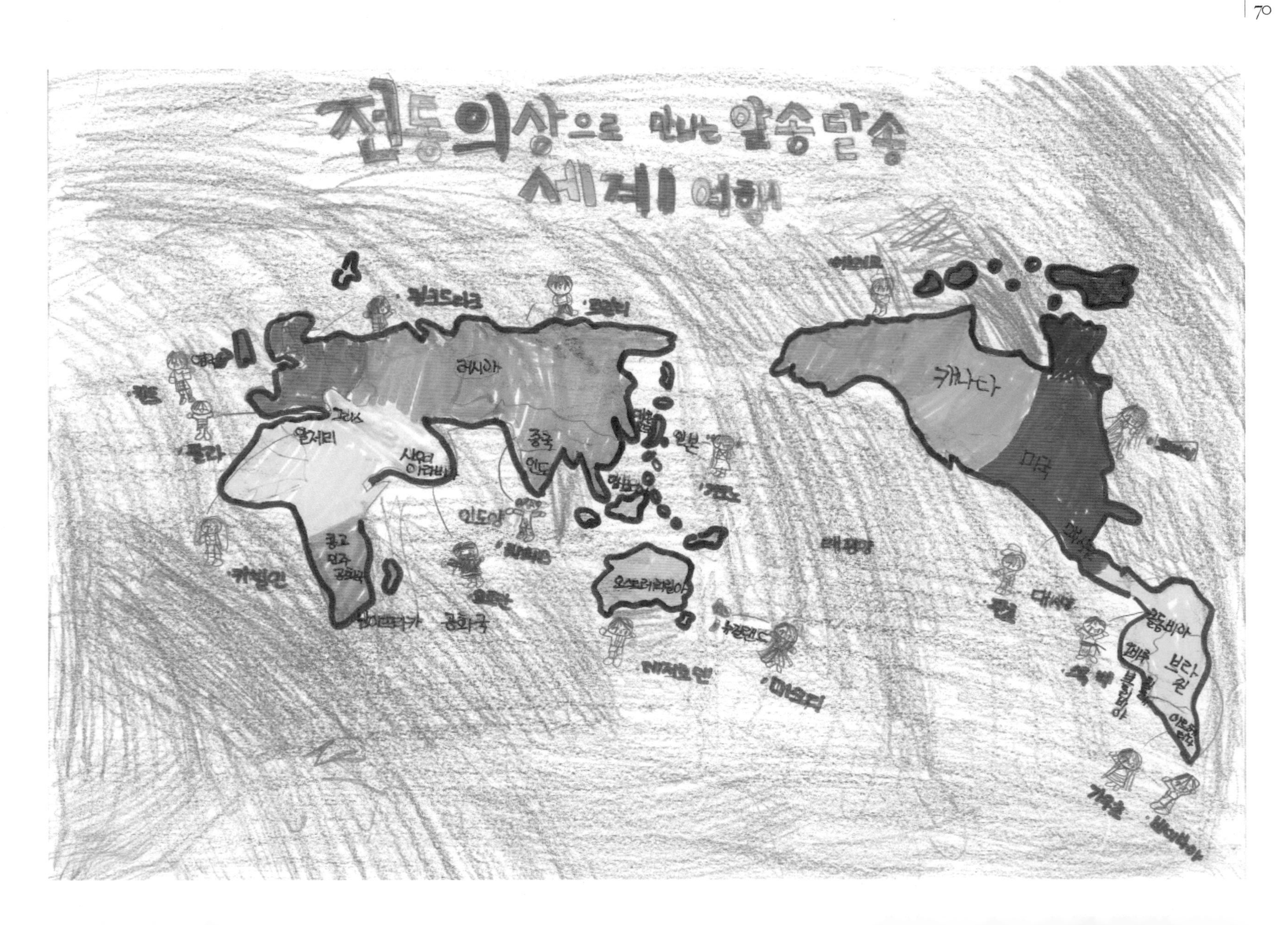
전통의상으로 만나는 알송달송
세계 여행
러시아
캐나다
미국
중국
인도
그리스
알제리
사우디 아라비아
오스트레일리아
브라질
콜롬비아
페루
인도양
태평양
일본
뉴질랜드
멕시코

전북 전주교육대학교 군산부설초등학교 2학년 양송현

제목: 전통의상으로 만나는 알쏭달쏭 세계 여행

크레용과 사인펜으로 채색하여 그린 세계지도이다. 개략적으로 윤곽만을 그린 세계지도 위에 스스로 여행자가 되어서 각국의 전통의상을 입고 가 보고 싶은 나라들을 소개하고 있다. 지도에는 판초, 기모노, 퀼트, 가우초 등을 문자로 소개하고 있다.

음식으로 만나는 세계
북극해
유럽
아시아
러시아
샤슬릭
감자 요리
카자흐스탄
몽골
중국
이란
인도
사우디 아라비아
리비아
이집트
차드
수단
일본
베트남
쌀국수
필리핀 → 두리안
인도네시아
쿠스쿠스
카레
북태평양
태평양
북아메리카
캐나다
미국
햄버거
멕시코
타코
대서양
남아메리카
콜롬비아
페루
브라질 슈하스코
볼리비아
아르헨티나
아사도
아프리카
식용 달팽이 요리
인도양
오세아니아
오스트레일리아
캥거루 고기 요리
뉴질랜드
남태평양
남극권

전북 전주교육대학교 군산부설초등학교 2학년 오채원

제목: 음식으로 만나는 세계

세계지도의 기본도 위에 대륙별로 다르게 채색을 하고 국경을 표시한 후 대표적인 음식을 그려 넣었다. 유럽의 식용 달팽이 요리, 중국의 딤섬, 인도의 카레, 이집트의 쿠샤리, 미국의 햄버거, 아르헨티나의 아사도, 오스트레일리아의 캥거루고기 요리 등을 소개하고 있다.

세계 여러나라가 여기는 상징과
문화, 색깔을 여행해 보자!
색깔
문화
러시아
캐나다
미국
독일
프랑스
스페인
인도양
태평양
대서양
오스트레일리아
브라질
페루

전북 전주교육대학교 군산부설초등학교 2학년 윤서희

제목: 세계 여러 나라가 여기는 상징과 문화, 색깔을 여행해 보자!

국가의 상징을 국기로 표현하고, 각기 다른 색깔로 대륙과 국가를 대략적으로 그린 세계지도이다. 대륙별 주요 국가를 소개하고 있으나 문화 요소는 지도상에 잘 표현되지 않고 있다. 상대적으로 아프리카와 유럽 대륙의 왜곡이 심하고 일본이 다른 곳에 그려져 있다.

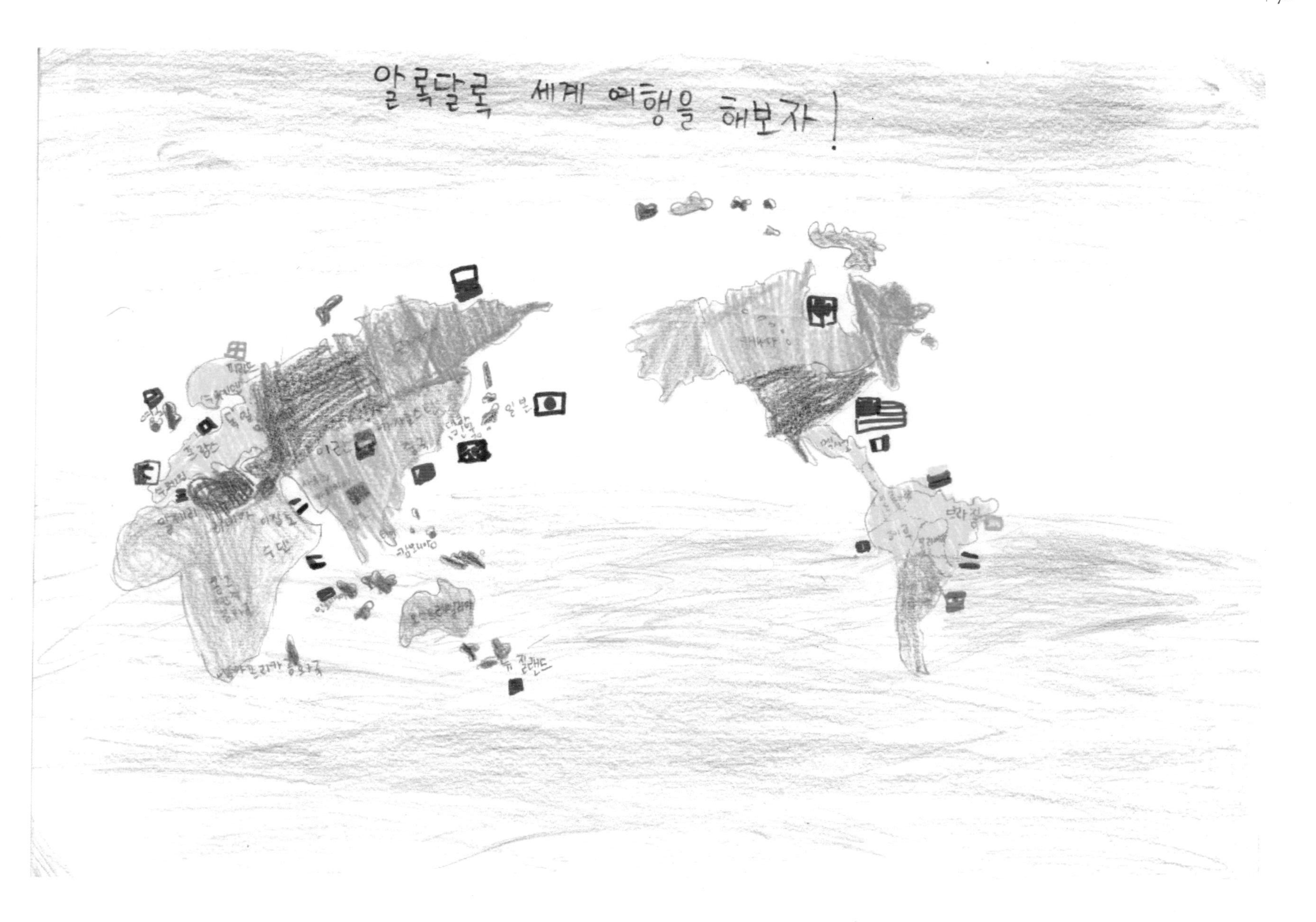
알록달록 세계 여행을 해보자!
일본
뉴질랜드
프랑스
수단

전북 전주교육대학교 군산부설초등학교 2학년 유아란

제목: 알록달록 세계여행을 하자.

알록달록한 다양한 문화를 가지고 있는 주요 국가와 국기를 보여 주는 세계지도이다. 유럽의 스페인·프랑스·독일 등을, 아프리카의 이집트·수단·남아프리카공화국 등을, 아시아의 대한민국·중국·이란 등을, 북아메리카의 캐나다·미국 등을, 남아메리카의 브라질·페루·아르헨티나 등을, 그리고 오세아니아의 오스트레일리아·뉴질랜드를 소개하고 있다.

음식으로 만나는 세계 지도
러시아
보르시
샤슬릭
중국
만두
인도
캐나다
미국
바게트
대서양
브라질
피자

전북 전주교육대학교 군산부설초등학교 2학년 김하율

제목: 무지개 음식으로 만나는 세계지도

무지개 색깔로 국가들과 바다를 채색한 세계지도이다. 만두, 피자, 바게트 등과 같이 각국의 주요 음식을 소개하고 있다. 대륙명은 유럽만 제시하고 있는데, 그 위치를 인도 주변으로 정하는 오류가 보인다. 세계지도에는 적도와 남북 회귀선을 다른 색으로 표현하고 있다. 남극대륙에는 갈매기, 여행을 위한 배, 태양 등을 그려 놓았다.

전북 전주교육대학교 군산부설초등학교 3학년 문찬희

제목: 무제

둥근 지구 안에 주요 대륙을 크레용으로 채색하여 그린 세계지도이다. 각국의 다양한 의상을 입은 어린이들이 인상적이다. 지구와 그 주변에서 일곱 명의 아이들이 세계의 대표적인 음식으로 보이는 요소들을 소개하고 있다.

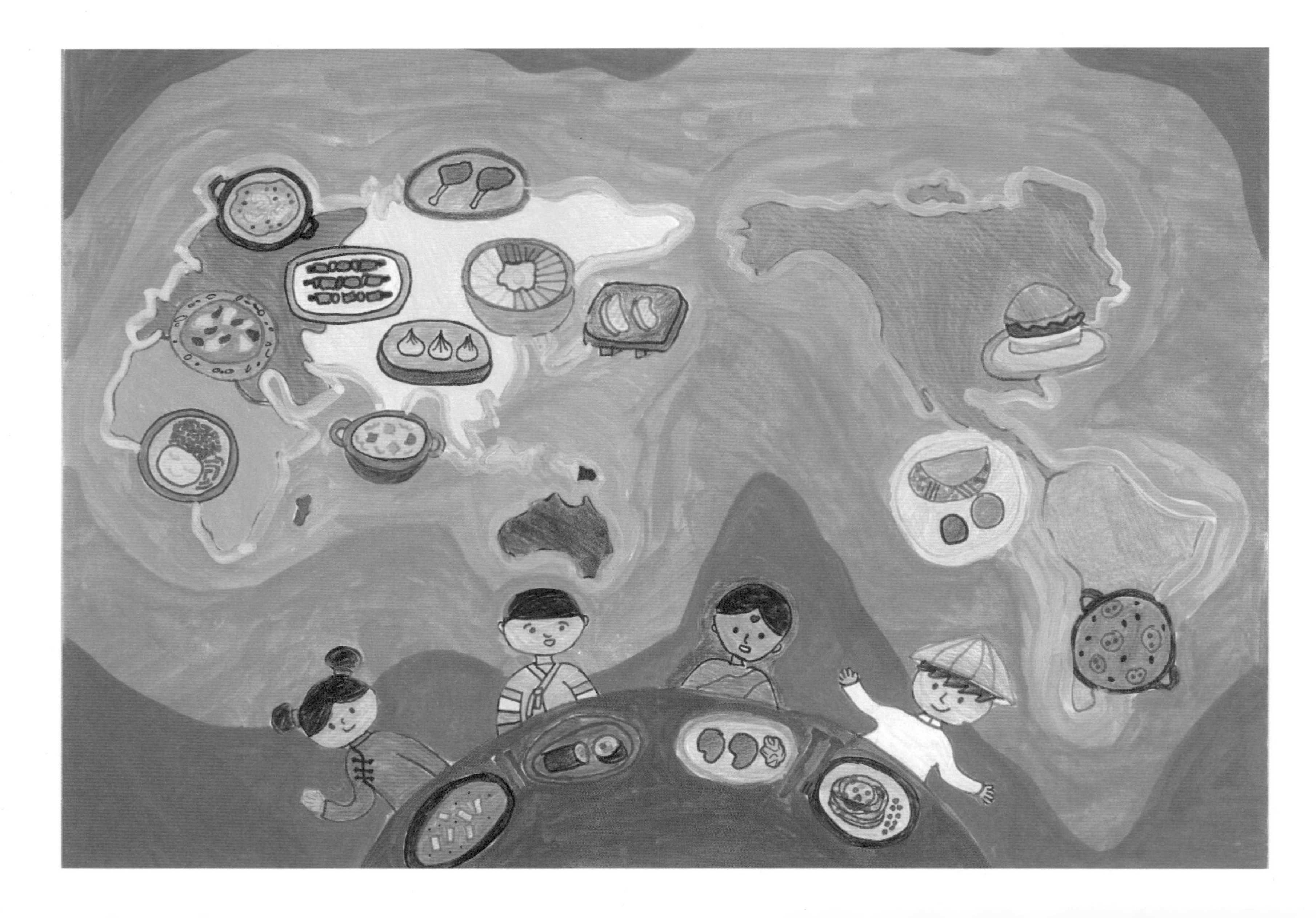

전북 전주교육대학교 군산부설초등학교 3학년 서예림

제목: 무제

각 대륙을 다른 색으로 채색하고 대표적인 음식을 그림으로 그려서 소개하고 있는 세계지도이다. 피자, 만두, 햄버거, 스시, 똠양꿍, 비빔밥 등을 실감나게 그려 냈다. 아시아의 인도·한국·중국·베트남 어린이들이 자기 나라의 음식을 한 식탁에서 나누는 모습을 보여 주고 있다.

광주광역시 송원초등학교 4학년 배소율

제목: 세계 여행을 떠나요!

화려한 채색으로 대륙별 주요 상징물들을 그린 세계지도이다. 소녀는 꿈속에서 세계의 랜드마크, 즉 바이올린, 맥주, 소시지, 첨성대, 크렘린궁, 피라미드, 자유의 여신상, 오페라 하우스 등을 자상하게 인디오 요정에게 소개해 주고 있다. 지도의 아래에는 잠든 소녀가 인디오 요정과 함께하는 세계 여행을 꿈꾸고 있다. 그는 지금 기린, 코끼리, 러시아 인형 등을 보면서 세계 곳곳을 여행하고 있다.

핀란드
러시아
사라판
영국
독일
던들
프랑스
그리스
튀니
중국
치파오
알제리
이집트
베트남
아오자이
캄보디아
대한민국
한복
일본
기모노
캐나다
멕시코
콜롬비아
브라질
아르헨티나
콩고민주공화국
남아프리카공화국
오스트레일리아
파푸아뉴기니
뉴질랜드

전북 전주교육대학교 군산부설초등학교 4학년 장서우

제목: 옷으로 만나는 세계 여행

녹색으로 그린 세계지도 위에 주요 국가들의 전통적인 의상을 그려 놓았다. 러시아의 사라판, 독일의 던들, 베트남의 아오자이, 대한민국의 한복, 중국의 치파오, 미국의 인디언 전통의상 등을 표현하였다. 파란색 바다에는 고래와 유람선도 그려져 있다. 배를 타고 온 나라의 전통의상을 보고자 세계여행을 꿈꾸고 있다.

(인도)
사리
(프랑스)
드레스
(러시아)
사라판
(캐나다)
에스키모
(베트남)
아오자이
(한국)
한복
(영국)
킬트
기모노
(일본)
러시아
베트남
스웨덴
세계의 유명한 옷

전북 전주교육대학교 군산부설초등학교 4학년 김하얀

제목: 세계의 유명한 옷

세계지도 위에 세계의 다양한 전통의상을 그려 냈다. 지도상의 국가 위치와는 별개로 전통의상이 아무 곳에나 배치되어 있다. 유럽 대륙의 구분이 불분명한 세계지도에 한국의 한복, 인도의 사리, 베트남의 아오자이, 영국의 킬트 등 12개의 전통의상을 표현하였다.

세계의 전통 의상
킬트
영국
플라멩코
독일
스페인
러시아
에스키모
캐나다
미국
카자흐스탄
중국
대한민국
일본
기모노
한복
카우보이
멕시코
알제리
이란
인도
아프리카
타이
치파오
카벨잉
캉가
오스트레일리아
(호주)
판초
콜롬비아
페루
브라질
볼리비아
아르헨티아

전북 전주교육대학교 군산부설초등학교 4학년 신예은

제목: 세계의 전통 의상

녹색으로 채색하고 주요 국가들의 국경을 표시한 세계지도이다. 대체로 세계지도를 잘 그리고 있으나 아프리카 대륙, 아시아의 동남아시아, 서남아시아에 대한 표현에서 왜곡이 나타나고 있다. 세계지도에서 해당하는 나라의 전통 의상을 그림으로 표현하였다. 예를 들어 에스키모, 카우보이, 판초, 치파오, 기모노 등을 보여 주고 있다.

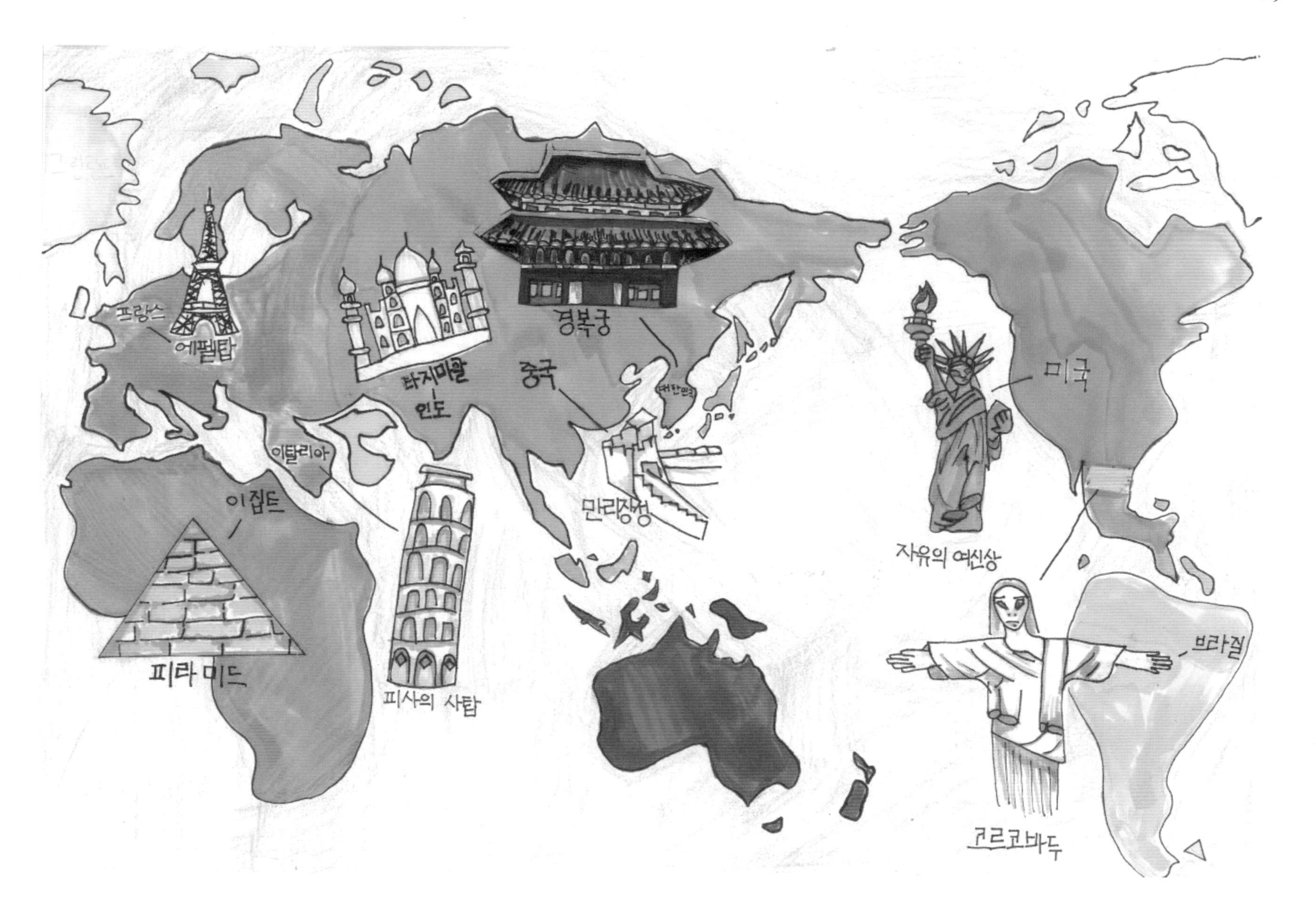
프랑스
에펠탑
타지마할
인도
경복궁
중국
대한민국
만리장성
이탈리아
이집트
피라미드
피사의 사탑
미국
자유의 여신상
브라질
코르코바두

전북 인봉초등학교 5학년 강다은

제목: 세계 여러 나라의 랜드마크

대륙별로 다른 색을 활용하여 표현한 세계지도이다. 대륙을 상징하는 랜드마크를 지도에 그렸다. 유럽의 에펠탑, 피사의 사탑, 아프리카의 피라미드, 아시아의 만리장성, 타지마할, 경복궁, 아메리카의 자유의 여신상, 코르코바두를 랜드마크로 제시하고 있다.

세계의 축제 지도
(백야 축제)
러시아
(나담축제)
몽골
중국
(바이킹 축제)
(러시아 축제)
(크리스마스 축제)
독일
(삿포로 눈축제)
이미지 없음
(강릉 단오제)
잠비아
(숲의 정령 축제)
(과일 수확 축제)
(낙타 축제)
(시바신 축제)
오스트레일리아
(시드니 페스티벌)
캐나다
미국
(퀘벡 윈터 카니발)
(캘거리 스탬피드 축제)
(로즈볼 퍼레이드)
하와이섬
(훌라 페스티벌)
타히티 섬
브라질
(리우 카니발 축제)

전북 인봉초등학교 5학년 백승혜

제목: 세계의 축제 지도

자신이 표현하고자 하는 국가의 국경과 영토를 채색하여 세계의 축제들을 표현한 세계지도이다. 오스트레일리아·일본·아프리카 대륙의 남부에 일어난 왜곡이 눈에 띈다. 각국의 유명한 축제를 명칭과 주요 상징물로 나타냈다. 여기서는 아시아의 몽골 나담축제·삿포로 눈축제, 유럽의 뮌헨 맥주축제·스페인 토마토축제, 아프리카의 모로코 마라케시 예술축제·잠비아 숲정령축제, 북아메리카의 캐나다 캘거리 스템피드축제, 남아메리카의 리우 카니발축제·페루 태양제축제, 그리고 오세아니아의 오스트레일리아 시드니축제를 소개하고 있다.

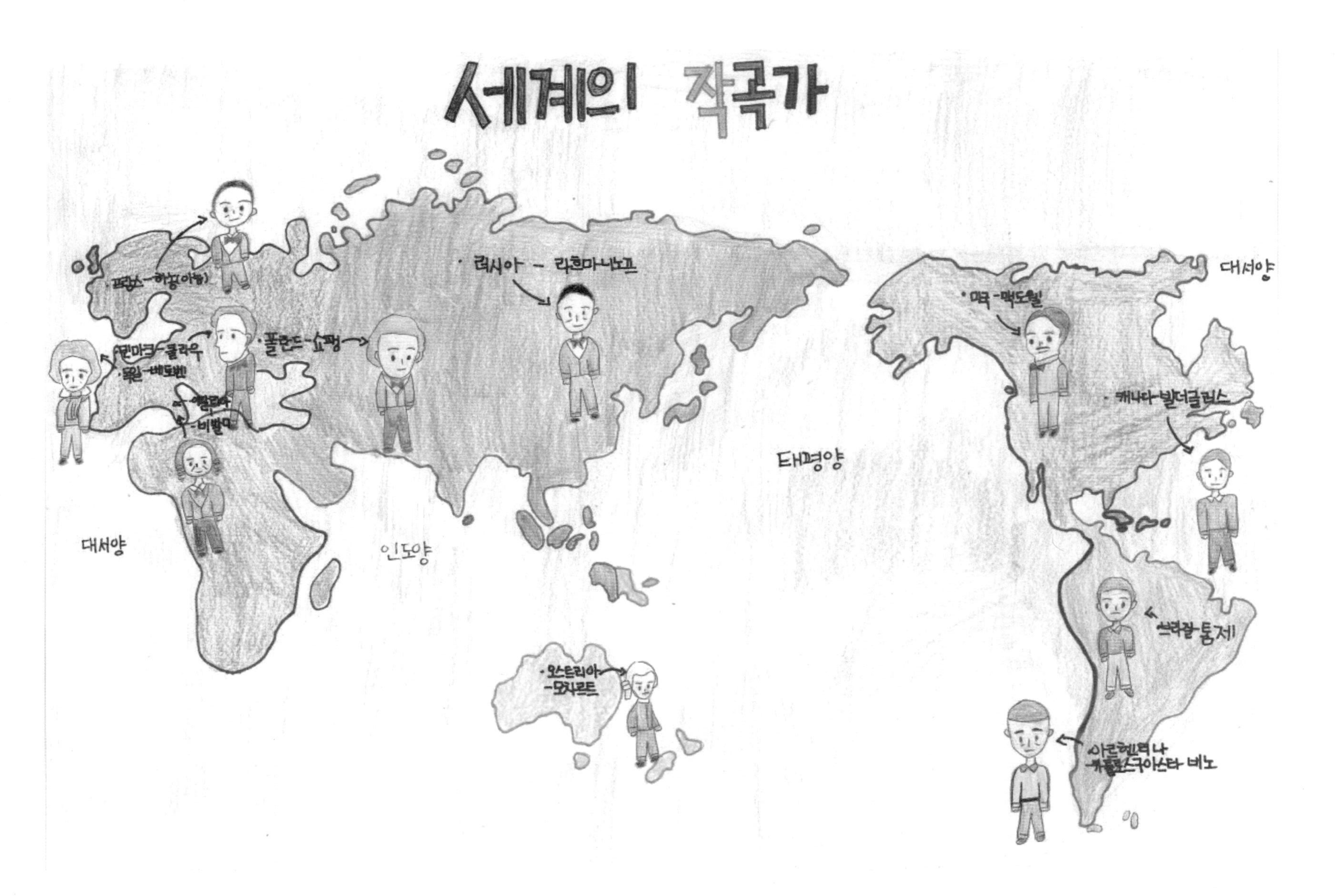

세계의 작곡가
·프랑스-하농
·덴마크-쿨라우
·독일-베토벤
·폴란드-쇼팽
-이탈리아
-비발디
·러시아 - 라흐마니노프
·오스트리아
-모차르트
·미국-맥도웰
·캐나다-빌더글리스
브라질-톰제
아르헨티나
-카를로스구아스타 비노
대서양
인도양
태평양
대서양

전북 인봉초등학교 5학년 양서정

제목: 세계의 작곡가

대륙별로 다른 색을 이용하여 세계의 작곡가를 표현한 세계지도이다. 지도의 형태를 잘 그려 냈고 세계지도 위에 국가별로 유명한 작곡가들, 예를 들어 러시아의 라흐마니노프, 폴란드의 쇼팽, 독일의 베토벤, 미국의 맥도웰, 브라질의 톰제 등을 그림으로 표현하였다. 유럽·아메리카 대륙 출신의 작곡가를 많이 소개하고 있으나, 아시아·아프리카·오세아니아의 작곡가에 대한 소개는 없다. 또한 오스트레일리아를 오스트리아로 혼동하여 모차르크를 오스트레일리아에 그려 넣었다.

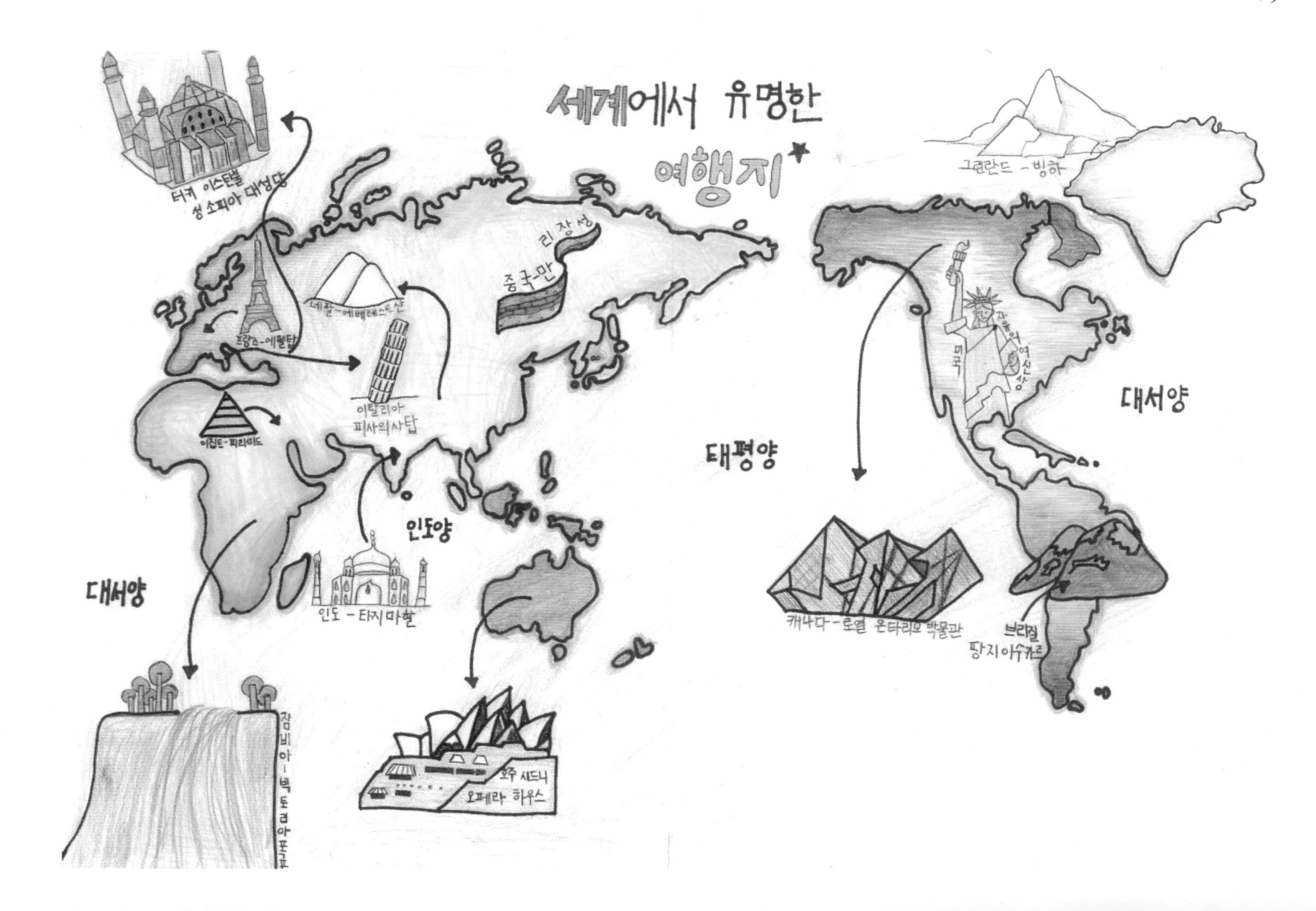

세계에서 유명한 여행지
터키 이스탄불 성 소피아 대성당
프랑스-에펠탑
네팔-에베레스트산
이탈리아 피사의사탑
중국-만리 장성
이집트-피라미드
인도 - 타지마할
인도양
대서양
잠비아-빅토리아폭포
호주 시드니 오페라 하우스
태평양
그린란드 - 빙하
미국 자유의 여신상
대서양
캐나다-로열 온타리오 박물관
브라질 팡지아수카르

전북 인봉초등학교 5학년 윤지원

제목: 세계에서 유명한 여행지

세계지도의 윤곽을 단순하게 표현하여 세계에서 유명한 여행지를 그려 넣었다. 에베레스트산·빙하·빅토리아 폭포·팡지아수카르 같은 자연 여행지와 에펠탑·성소피아 대성당·피라미드·타지마할·오페라 하우스·로열 온타리오 박물관·자유의 여신상 같은 랜드마크가 있는 국가를 다채롭게 그려 여행하고 싶은 마음을 드러내고 있다.

제3장

자연환경 세계지도

깨끗한 우리세계

전북 전주교육대학교 군산부설초등학교 1학년 조유신

제목: 깨끗한 우리 세계

남녀 어린이와 판다, 새, 사자, 토끼, 여우, 개 등의 동물이 함께 움켜쥔 천 위에 대서양을 중심으로 대륙과 바다를 그린 세계지도이다. 육지에는 나무와 꽃과 나비를, 바다에는 고래와 거북이를 그려 넣었다. 인간과 동식물이 조화롭게 살 수 있는 깨끗한 세계를 꿈꾸고 있다. 아시아와 남아메리카 대륙은 잘 나타나지 않았다.

전세계의 멸종위기 동물을 도 와주세요!
유럽의
철갑상어
아프리카
의 아닥스
영양
아시아의 눈표범
북아메리카의
북극곰
남아메리카
의 황금
사자 타마린
오세아니아의 오리너구리
남극의
황제펭귄

경기도 빛가온초등학교 2학년 구준모

제목: 전 세계의 멸종위기 동물을 도와주세요!

세계지도 위에 각 대륙의 멸종위기 동물들을 그렸다. 유럽의 철갑상어, 아시아의 눈표범, 아프리카의 아믹스 영양, 북아메리카의 북극곰, 남아메리카의 황금사자 타마, 오세아니아의 오리너구리와 남극의 황제 펭귄을 각 대륙에 표현하였다. 멸종위기 동물을 주제로 한 세계지도를 통해 세계의 멸종위기 동물에 대한 보호를 호소하고 있다.

유럽
아시아
중동
아프리카
북아메리카
남아메리카
오세아니아
인도양
남극해
태평양
대서양
북극해

광주광역시 삼육초등학교 2학년 신지원

제목: 무제

화분의 나무 위에 대륙을 그린 세계지도이다. 대륙에는 사슴·영양·곰·캥거루·기린 등을, 바다에는 고래·상어·물개 등의 동물을 그려, 관심을 갖고 우리 주변의 동물을 잘 돌봐야 한다는 메시지를 전하고 있다. 특히 빙하 위에서 힘들게 살아가는 펭귄과 물개의 모습은 기후 온난화로 빙하가 녹고 있는 안타까운 현실을 보여 주고 있다. 화분 표면에는 브라질·영국·프랑스·스위스·말레이시아·대한민국 등의 국기를, 화분 안쪽에는 태평양·대서양·인도양 등의 오대양을 제시하고 있다. 나뭇잎에는 유럽·아시아·아프리카·북아메리카·남아메리카·오세아니아·중동을 표현하였는데, 중동을 대륙 수준으로 표현한 점에서 아쉬움이 있다.

전북 옹동초등학교 2학년 이서현

제목: 모두가 행복한 지구

지구를 육지와 바다로 구분하여 그린 세계지도이다. 사람과 동식물이 함께 사는 지구가 되었으면 하는 바람을 세계지도로 표현하였다. 지구의 나무늘보, 코끼리, 판다, 펭귄, 여우, 나무 등을 보호해야 한다고 전하며 지구별 주변의 좋지 않은 대기 상태를 경고하고 있다. 세계를 상상해 지도를 그리고 있으나 세계지도의 요소를 갖추지는 못했다.

전북 전주교육대학교 군산부설초등학교 2학년 백찬우

제목: 동물과 함께 사는 세계

물감을 이용하여 대륙과 주요 국가를 다양하게 채색하여 그린 세계지도이다. 대륙마다 대표적인 동물을 그려 넣었다. 러시아의 곰, 중국의 판다, 아프리카의 기린, 캐나다의 순록, 남아메리카의 구관조, 파푸아뉴기니의 코끼리, 오스트레일리아의 코알라, 남극대륙의 펭귄을 나타냈고 태평양에는 고래를 그렸다. 지구에서 곰, 판다, 기린, 순록, 코끼리, 코알라, 구관조, 펭귄, 고래와 함께 더불어 살아가는 아름다운 세계를 담아내고 있다.

자연환경 독특 세계 여러나라
러시아
영국
이란
중국
일본
인도
수단
캐나다
미국
멕시코
콜롬비아
브라질
오스트레일리아
뉴질랜드
아르헨티나

전북 전주교육대학교 군산부설초등학교 2학년 채율아

제목: 자연환경 독특, 세계 여러 나라

다양한 채색으로 국가들을 구별하여 그리고 있는 세계지도이다. 세계 여러 나라에 나타나는 독특한 자연환경을 세계지도에 표현하고 있다. 북극 주변의 추운 기후 지대에는 눈이 내림을 눈사람으로, 오스트레일리아의 바다에는 거친 파도를 담은 태풍을, 중국 주변에는 맑은 날씨의 태양을, 그리고 미국의 침엽수림을 나타냈다. 반면에 유럽·아프리카·남아메리카 대륙의 자연환경은 그리지 않았다.

전북 전주교육대학교 군산부설초등학교 2학년 박예준

제목: 무제

녹색의 대륙과 파란색의 바다로 이루어진 지구를 천진난만하게 표현한 세계지도이다. 지구의 대륙에는 나무들이 무성하게 자라고, 바다에는 고래와 물고기들이 평화롭게 노니는 환경을 그렸다. 대륙의 모습은 실제 모습과 많이 다르지만, 대륙별로 대한민국·중국·인도·프랑스·러시아·나이지리아·덴마크·캐나다·브라질·오스트레일리아 등의 국가들을 국기로 표현하고 있다.

사랑으로
품어주어요
세계 사랑

전북 전주교육대학교 군산부설초등학교 3학년 이연경

제목: 세계 사랑, 사랑으로 품어 주어요.

녹색으로 지구의 대륙을 표현하고 세계의 다양한 의상을 그림으로 나타낸 세계지도이다. 세계에는 많은 나라가 있는 만큼 다양한 사람들이 살아가고 있음을 보여 준다. 다채로운 모습을 지닌 세계를 사랑으로 품어 주길 바라고 있다. 세계지도는 간략한 윤곽만으로 그려져 있고, 아프리카·유럽 대륙이 뭉뚱그려져 있다.

건강하게
자라렴
지구야
현서
생명수

전북 전주교육대학교 군산부설초등학교 3학년 조현서

제목: 건강하게 자라렴, 지구야!

둥근 지구의 모습을 보여 주고 있는 지도이다. 지구 나무에게 생명수를 주어 지구가 건강하게 잘 자리길 바라고 있다. 우리가 지구를 소중하게 가꾸어 새들의 보금자리를 제공하고 꽃이 아름답게 피고 풀이 자라도록 하여 지구가 방긋 웃도록 하자고 주장하고 있다.

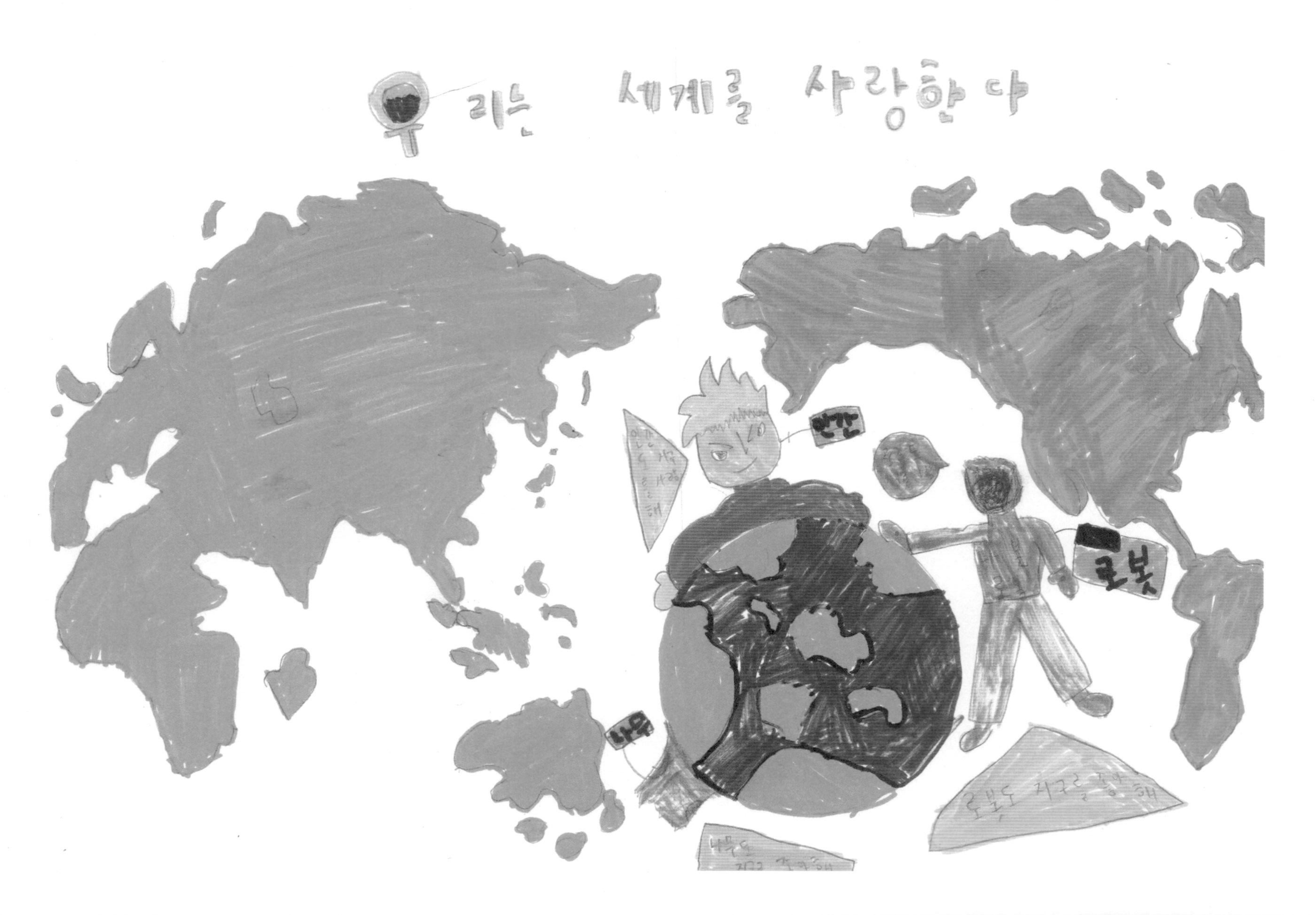
리는 세계를 사랑한다
인간
로봇
나무

전북 전주교육대학교 군산부설초등학교 3학년 홍재원

제목: 우리는 세계를 사랑한다.

녹색으로 대륙을 채색하고 지구를 사랑하자는 메시지를 담은 세계지도이다. 세계지도와 함께 둥근 지도를 표현하였다. 둥근 지도 주변에 '인간도 지구를 사랑해', '로봇도 지구를 좋아해', '나무도 지구를 좋아해'라는 글귀를 넣어 모두가 지구를 사랑하기를 바라고 있다. 남아프리카 · 아프리카 · 오세아니아 대륙이 잘 드러나지는 못했다.

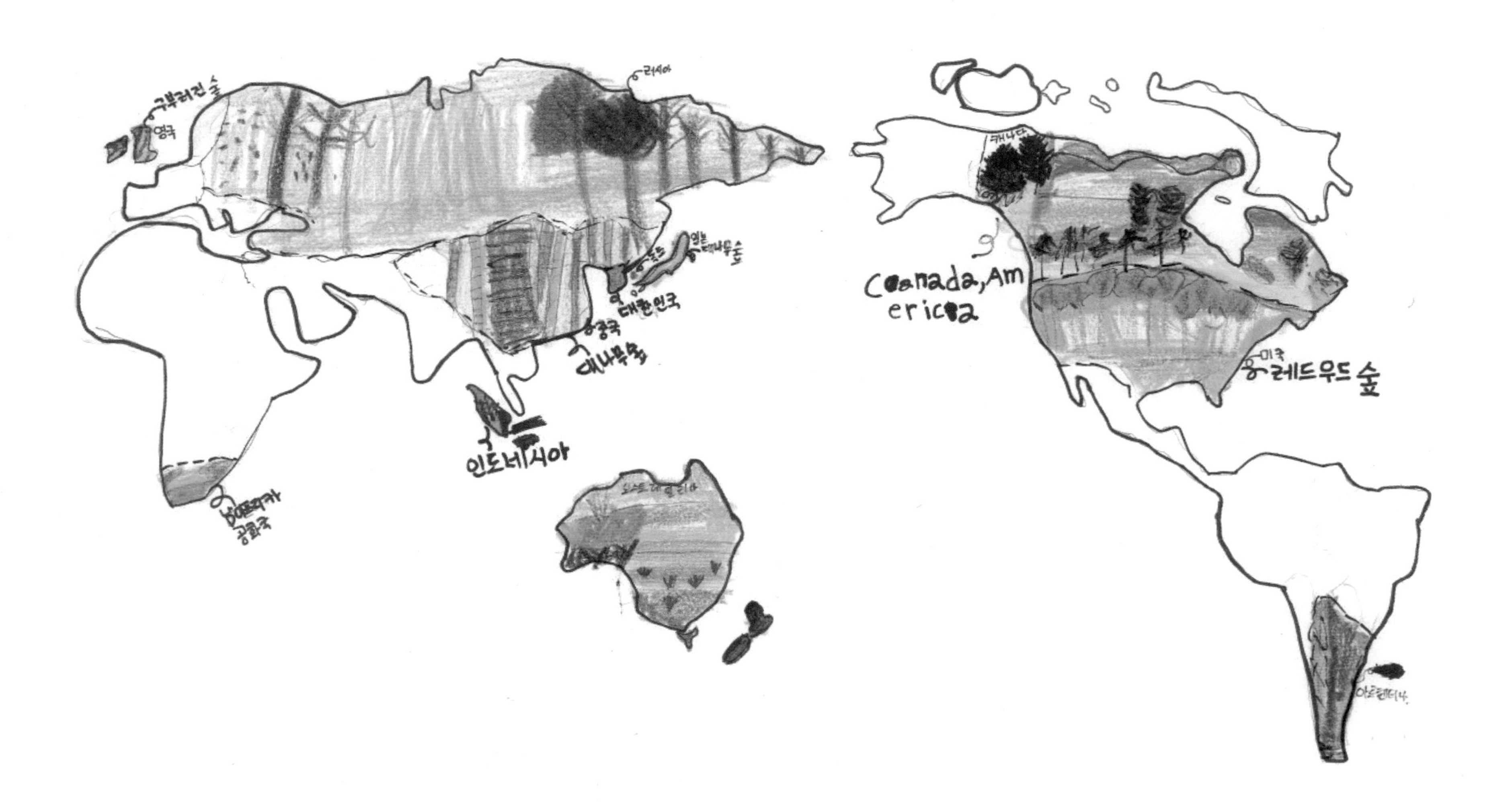
구부러진 숲
영국
러시아
대한민국
중국
대나무숲
인도네시아
남아프리카 공화국
캐나다
Canada, America
미국
레드우드 숲
아르헨티나

전북 인봉초등학교 3학년 강은지

제목: 세계의 여러 가지 숲

대륙을 간략하게 그리고 일부 국가들과 해당하는 숲을 표현한 세계지도이다. 지도 위에 대륙의 대표적인 숲을 그림으로 표현하였다. 러시아의 타이가 숲, 중국의 대나무 숲, 미국의 레드우드 숲을 대표적으로 제시하고 있다. 그리고 오스트레일리아의 건조한 기후에서 자라는 작은 나무들을 그렸다.

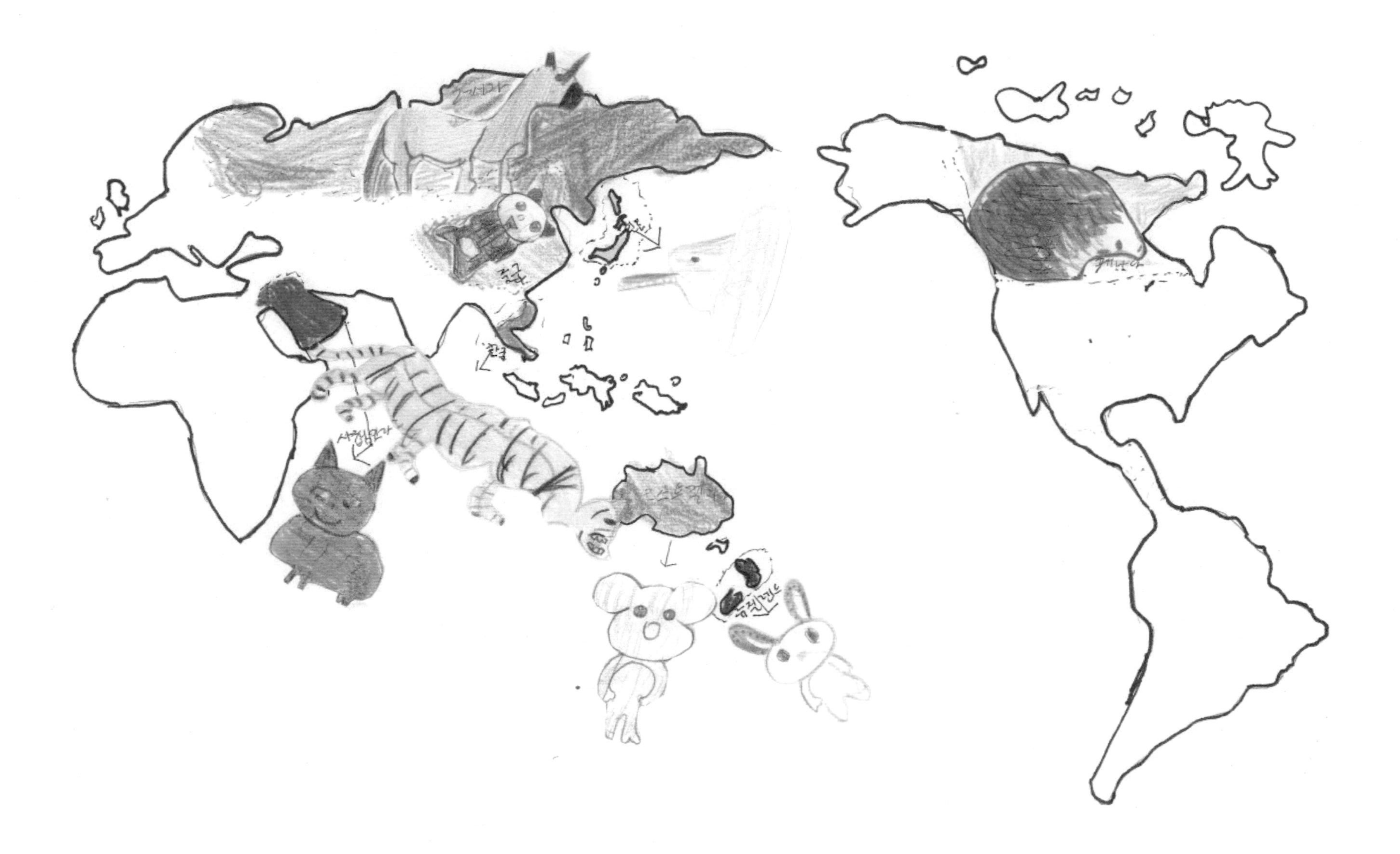
러시아
중국
한국
캐나다
뉴질랜드

전북 인봉초등학교 3학년 박소은

제목: 세계 나라의 동물들

대륙의 윤곽을 간략하게 그리고 각국의 대표적인 동물들을 그린 세계지도이다. 중국의 판다, 오스트레일리아의 코알라, 캐나다의 비버, 한국의 호랑이, 러시아의 말, 뉴질랜드의 토끼, 사우디아라비아의 여우 등을 표현하였다. 한국의 위치가 세계지도에 잘못 그려져 있다.

←러시아
←중국
←캐나다
비버
브라질
투칸
기린
오스트레일리아
펭귄
토끼
뉴질랜드

전북 인봉초등학교 3학년 온영주

제목: 동물 세계지도

세계의 대륙을 색깔로 구분하고 각국의 대표적인 동물들을 그린 세계지도이다. 아프리카의 기린, 러시아의 말, 브라질의 투칸, 뉴질랜드의 토끼, 오스트레일리아의 펭귄과 다람쥐, 캐나다의 비버, 중국의 판다, 한국의 호랑이를 표현하였다. 유럽·서남아시아·남부아시아를 같은 색으로 채색한 점이 눈에 띄는 요소 중 하나이다.

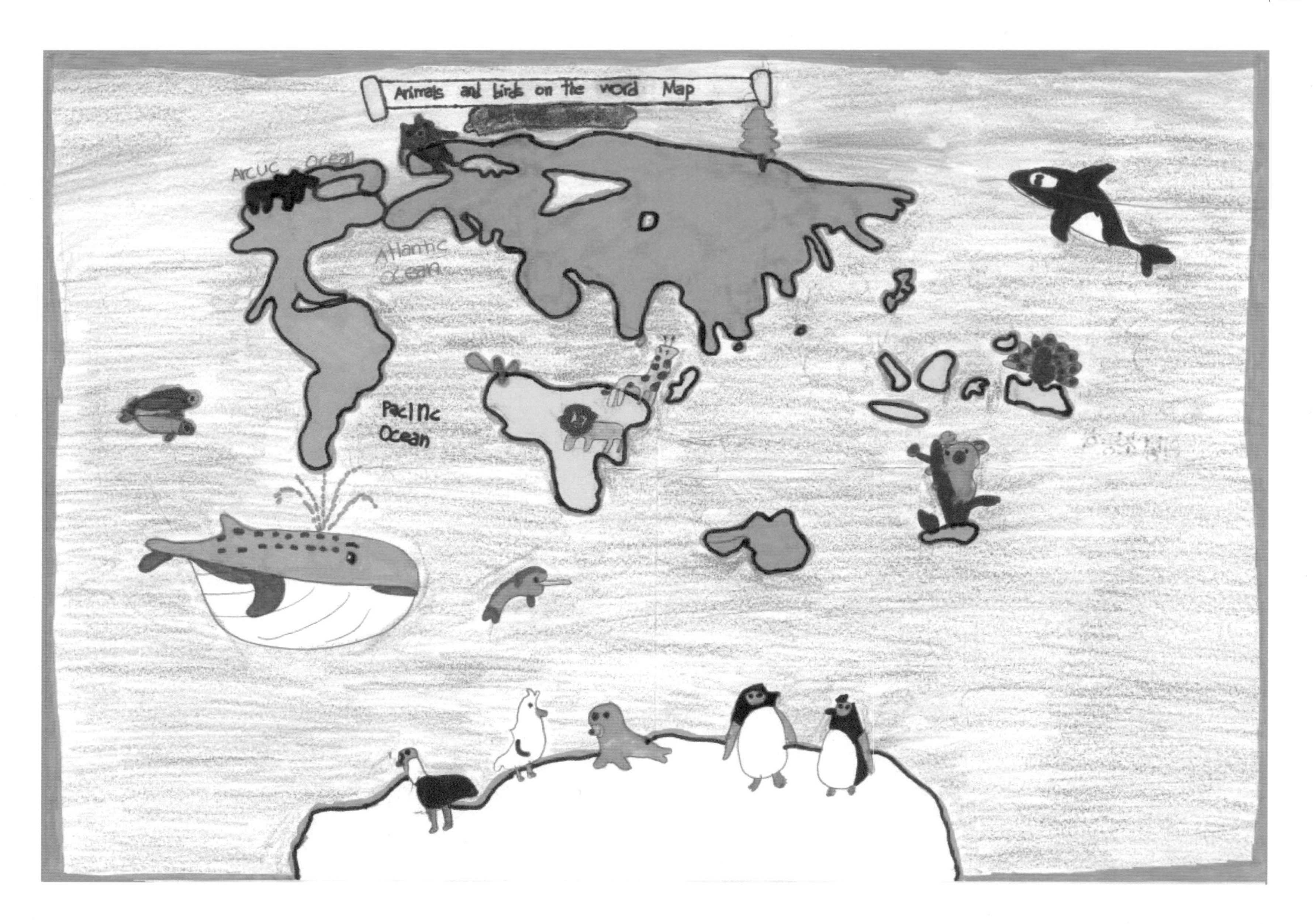
Animals and birds on the word Map
Arcuc Ocean
Atlantic Ocean
Pacinc Ocean

전북 인봉초등학교 3학년 이수지

제목: 세계의 동물과 새

대서양 중심의 대륙을 간단히 그리고 그 위에 동물과 새를 그려 넣었다. 특히 아프리카를 대륙과 떨어뜨린 뒤 노란색으로 구별하였고 대표적인 동물로 기린과 사자를 제시하였다. 북아메리카에는 곰, 오세아니아에는 코알라, 남극대륙에는 펭귄과 물개 등을, 바다에는 범고래와 대왕고래, 물고기를 그렸다. 대서양과 태평양을 구분하지 않았고, 오스트레일리아를 정확하게 표현하지 않았다.

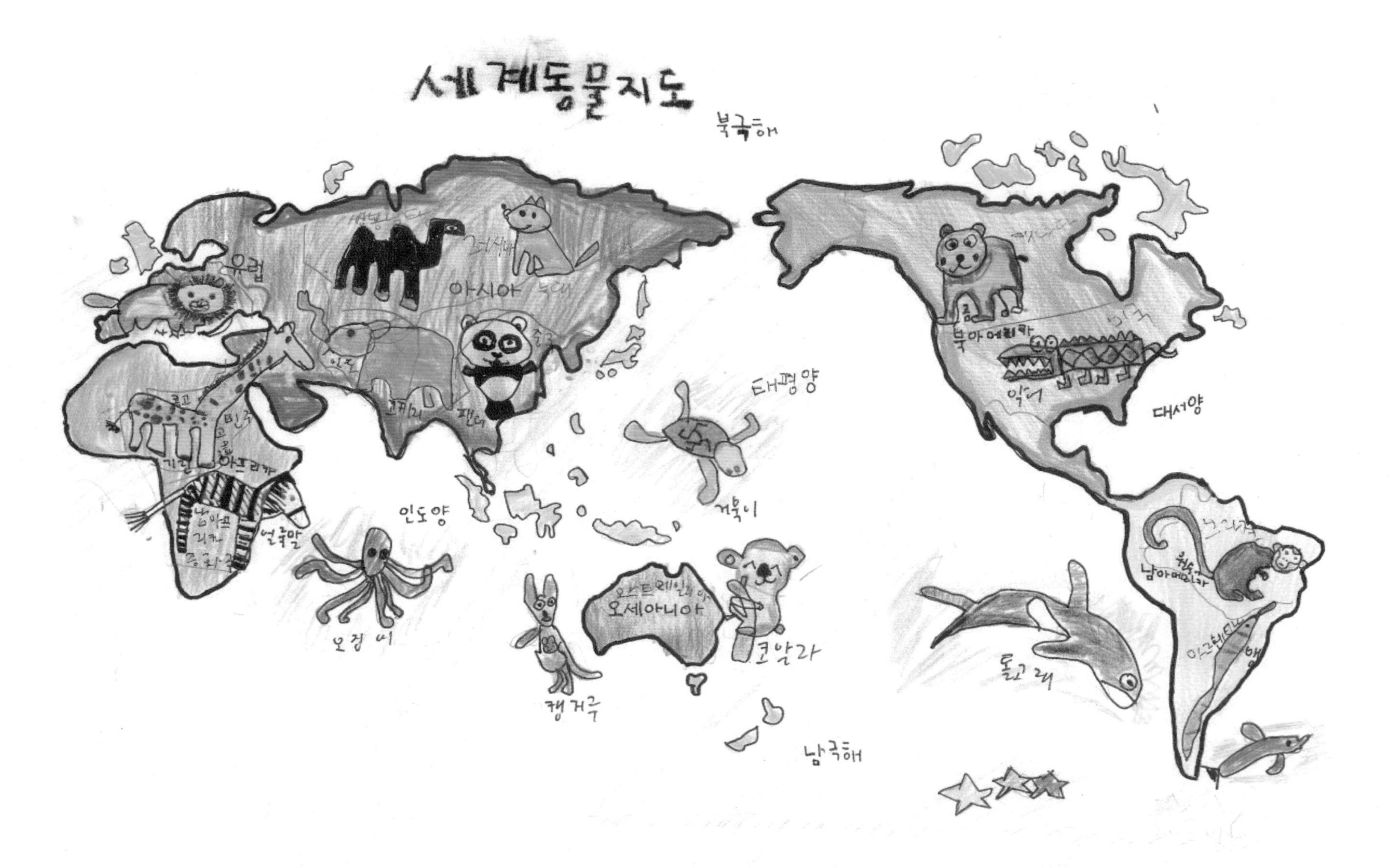
세계동물지도
북극해
유럽
사자
아시아
낙타
인도
판다
기린
아프리카
얼룩말
인도양
오징어
태평양
거북이
오스트레일리아
오세아니아
코알라
캥거루
남극해
북아메리카
악어
곰
대서양
남아메리카
원숭이
아르헨티나
돌고래

전북 인봉초등학교 3학년 이정원

제목: 세계 동물 지도

대륙과 바다를 채색하고 세계의 대표적인 동물들을 그린 세계지도이다. 아시아에는 늑대, 판다, 쌍봉낙타, 코끼리를, 아프리카에는 기린, 얼룩말을, 북아메리카에는 악어와 곰을, 남아메리카에는 원숭이와 뱀을, 오세아니아에는 캥거루와 코알라를 대표 동물로 제시하고 있다. 태평양에는 거북이, 돌고래, 오징어를 담고 있다. 유럽에 사자를 대표적인 동물로 그린 점은 아프리카에 대한 착오로 보인다.

동물 속으로 세계지도
러시아
중국
미국
페루
라마
(호주)
뉴질랜드
고라니
미어캣

전북 인봉초등학교 3학년 황아윤

제목: '동물 속으로' 세계지도

색연필로 대륙은 흰색과 파란색으로, 바다는 연두색으로 색칠하고, 대륙과 바다에 사는 대표적인 동물들을 그린 세계지도이다. 지역마다 중국의 양쯔강 돌고래, 러시아의 민물 물범, 스페인의 거북이, 페루의 라마, 미국의 미어캣, 오스트레일리아의 쿼카, 뉴질랜드의 쇠푸른펭귄, 한국의 고라니를 제시하였다. 세계의 동물들을 만나 그들의 삶을 적극적으로 이해하고 보호하자는 메시지를 전하고 있다.

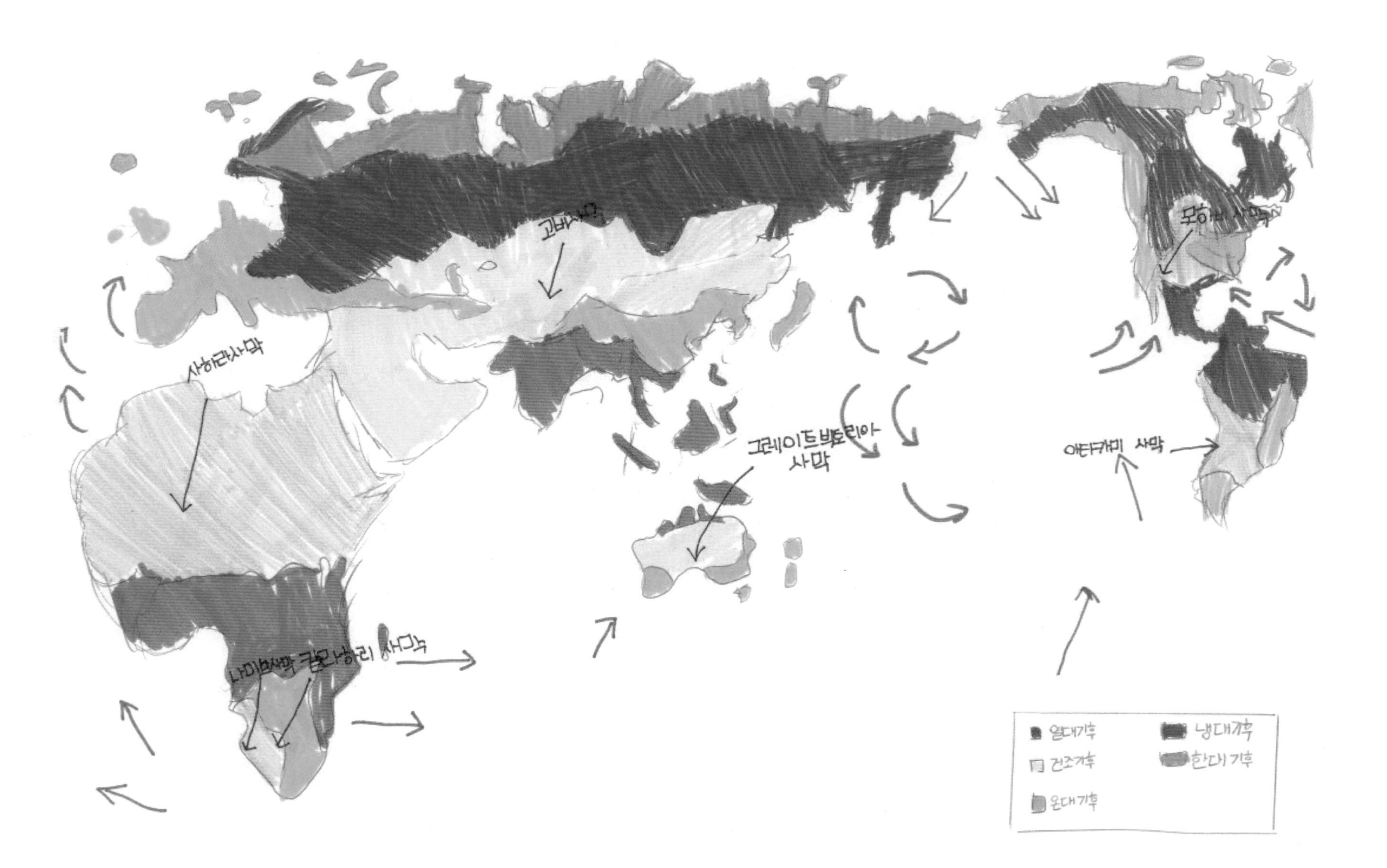

고비사막
모하비 사막
사하라사막
그레이트빅토리아
사막
아타카마 사막
나미브사막 칼라하리 사막
열대기후
건조기후
온대기후
냉대기후
한대 기후

전북 인봉초등학교 3학년 황윤설

제목: 세계의 기후

세계의 대륙별 기후대를 구분하여 채색한 세계지도이다. 주요 지형을 보여 주고 바다에는 해류의 이동방향을 표현하였다. 자료를 참고하여 열대기후에서 한대기후까지 세계의 주요 기후대를 세계지도 상에 표현하면서 다양한 기후 환경을 살펴보고 있다. 특히 세계지도에 사하라사막·나미브사막·칼라하리사막·고비사막·그레이트빅토리아사막·아타카마사막·모하비사막 등의 사막을 표시한 점, 그리고 태평양과 대서양의 한류와 난류를 파란색과 빨간색으로 나타내 주요 해류의 방향을 화살표로 표시한 점이 인상적이다.

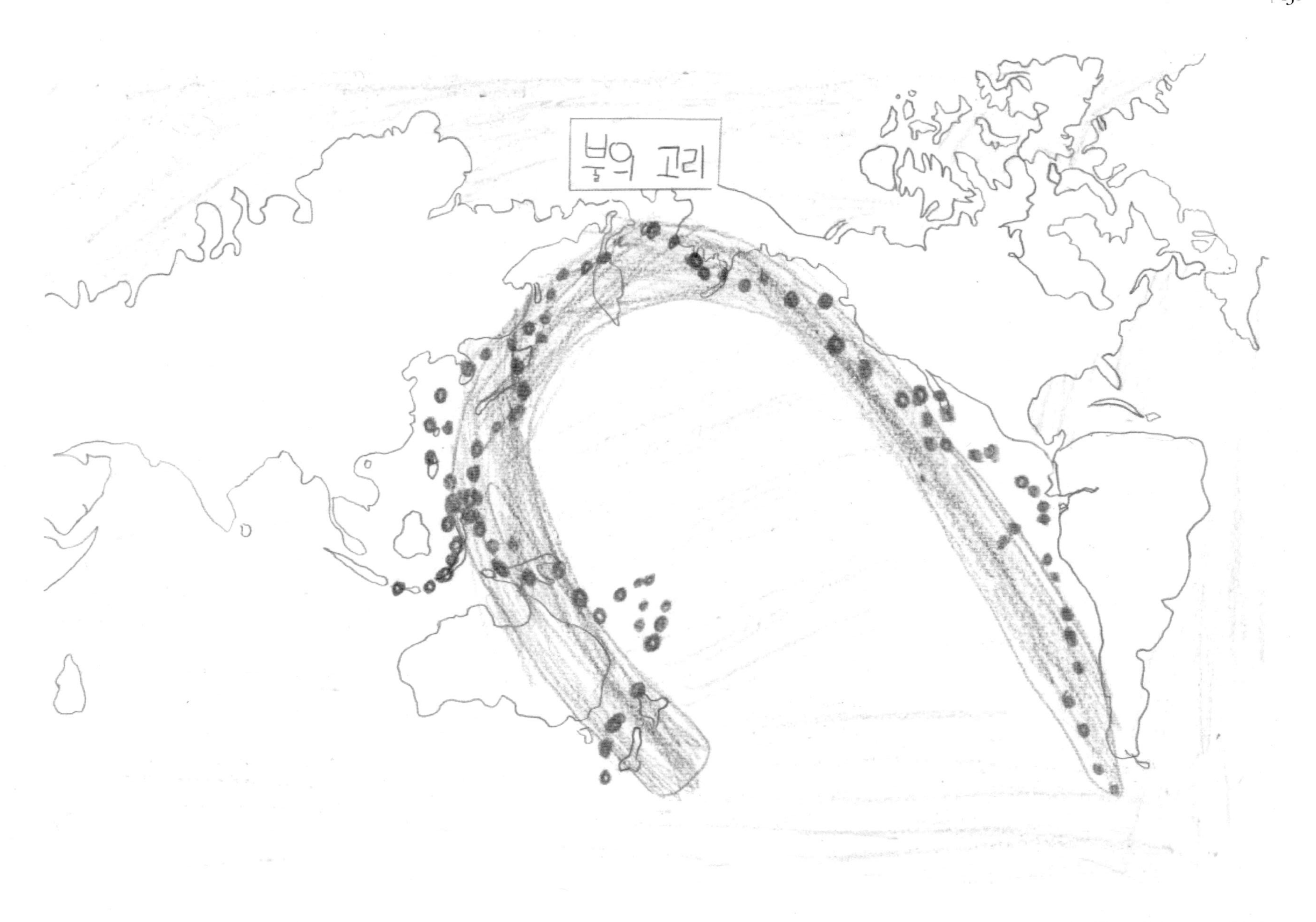
불의 고리

전북 인봉초등학교 3학년 노우준

제목: 불의 고리

태평양을 중심으로 대륙과 섬들을 지도를 보고 그린 후 태평양의 불의 고리를 표현한 세계지도이다. 세계지도를 연필로 모사한 후 환태평양조산대의 불의 고리를 붉은 점과 선으로 그렸다. 불의 고리는 유라시아에서는 일본 열도·동남아시아·오스트레일리아·뉴질랜드를, 아메리카에서는 대륙의 서안인 로키산맥·안데스산맥을 따라서 분포하는 지진대를 중심으로 표현하고 있다. 이 세계지도는 미완성의 지도로 느껴진다. 아마 히말라야조산대와 알프스조산대 등을 더 그리고 싶어 하지 않았을까 싶다.

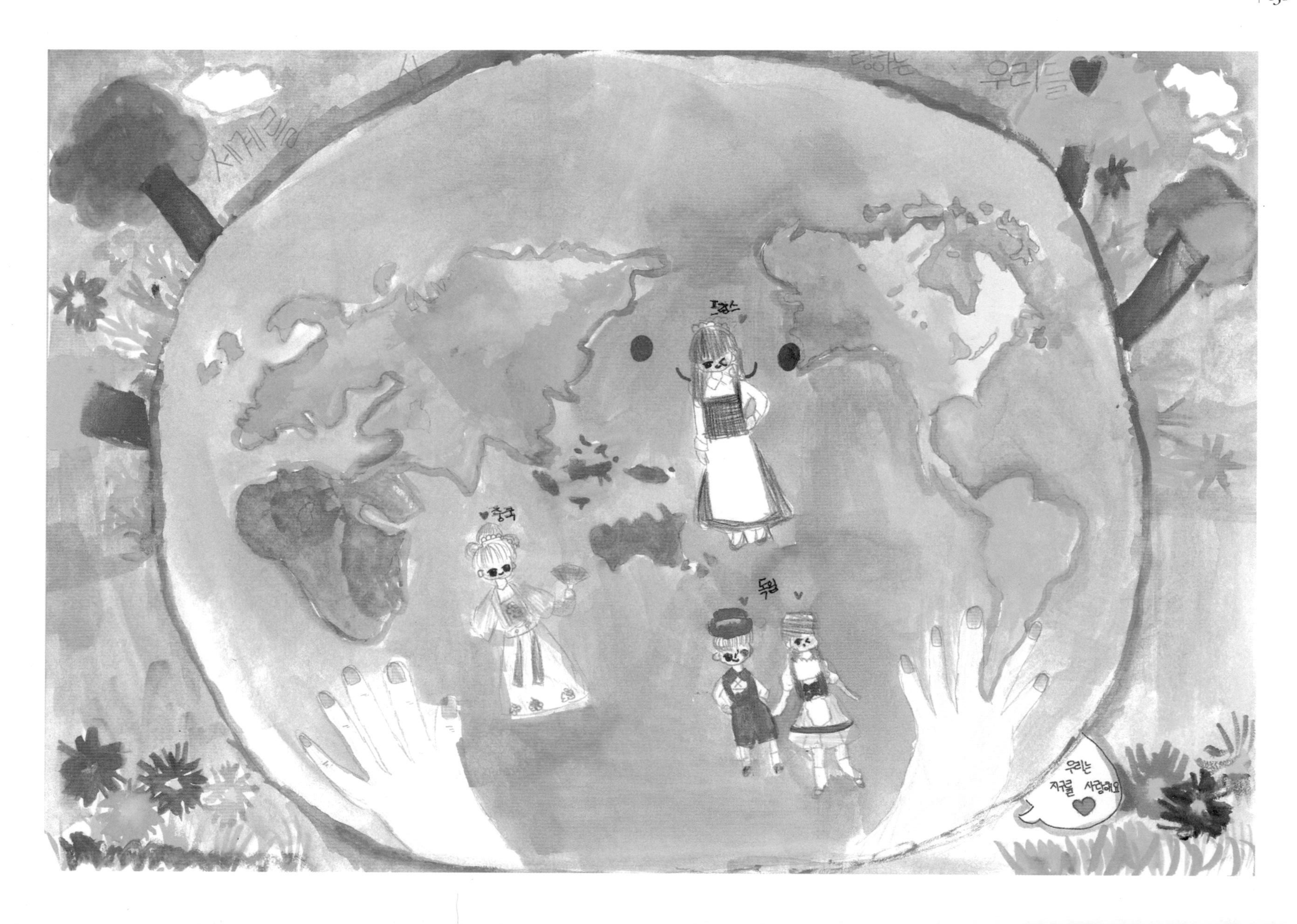
세계를 사랑하는 우리들
프랑스
중국
독일
우리는 지구를 사랑해요

전북 전주교육대학교 군산부설초등학교 3학년 고은진

제목: 우리는 지구를 사랑해요!

·둥근 지구 안에 세계의 대륙과 바다를 녹색과 파란색으로 표현하고 지구를 사랑하는 어린이들을 표현한 세계지도이다. 국가의 위치와 상관없이 전통의상을 입은 프랑스·중국·독일 어린이들이 눈에 띈다. '세계를 사랑하는 우리들'이라는 부제처럼 우리들이 또 다른 대륙처럼 바다에 떠 있다. 꽃과 나무로 이루어진 지구를 두 손으로 감싸고 있는 모습이 인상적이다.

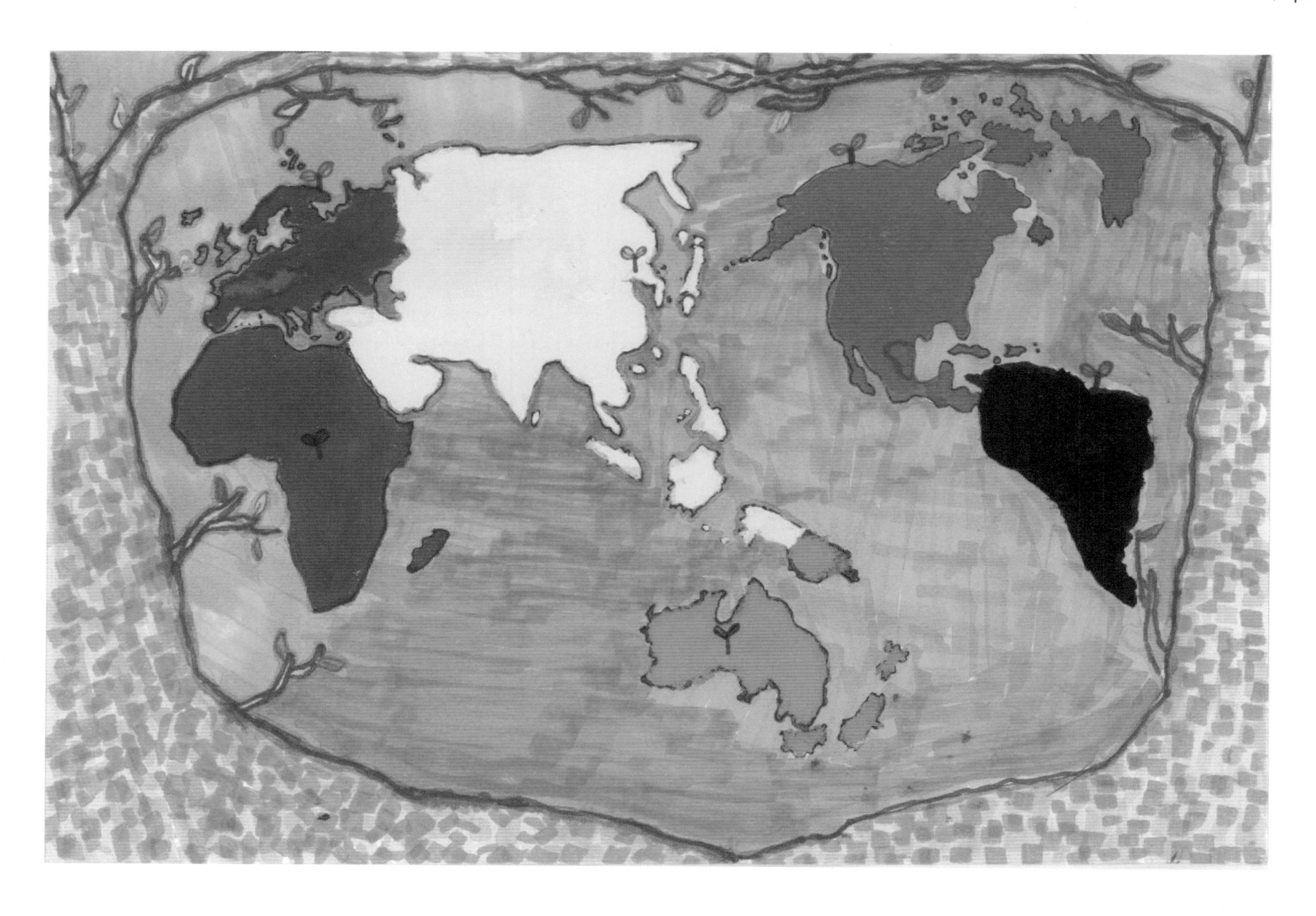

전북 전주교육대학교 전주부설초등학교 3학년 한재평

제목: 연리지처럼 하나되는 세계

다섯 가지의 색깔로 여섯 대륙으로 구분한 세계지도이다. 파란색으로 바다를 표현하였다. 세계지도의 주변에는 가지와 뿌리가 이어진 나무 두 그루가 있다. 나무들은 연리지를 그리고 있는데, 이는 세계가 연리지처럼 서로 연계되어 하나로 구성되어 있음을 강조한다. 그 연리지의 연계가 대륙마다 작은 연리지를 키우듯이 서로 돕고 공존하는 세계를 만들어 가자고 이야기하고 있다.

전북 전주교육대학교 군산부설초등학교 3학년 강태림

제목: 무제

퍼즐 형식으로 세계의 자연환경과 인문 환경을 소개하는 세계지도이다. 대서양 중심의 세계지도로서 지구의 대륙과 해양을 잘 보여 주고 있다. 자연환경으로는 숲과 코끼리, 기린, 펭귄, 낙타, 고래 등의 동물을, 인문환경으로는 탑, 다리, 등대, 집, 인형 등을 소개하였다. 유람선을 타고 다양한 자연환경과 인문환경을 가진 지구를 여행하고 싶은 마음이 엿보인다.

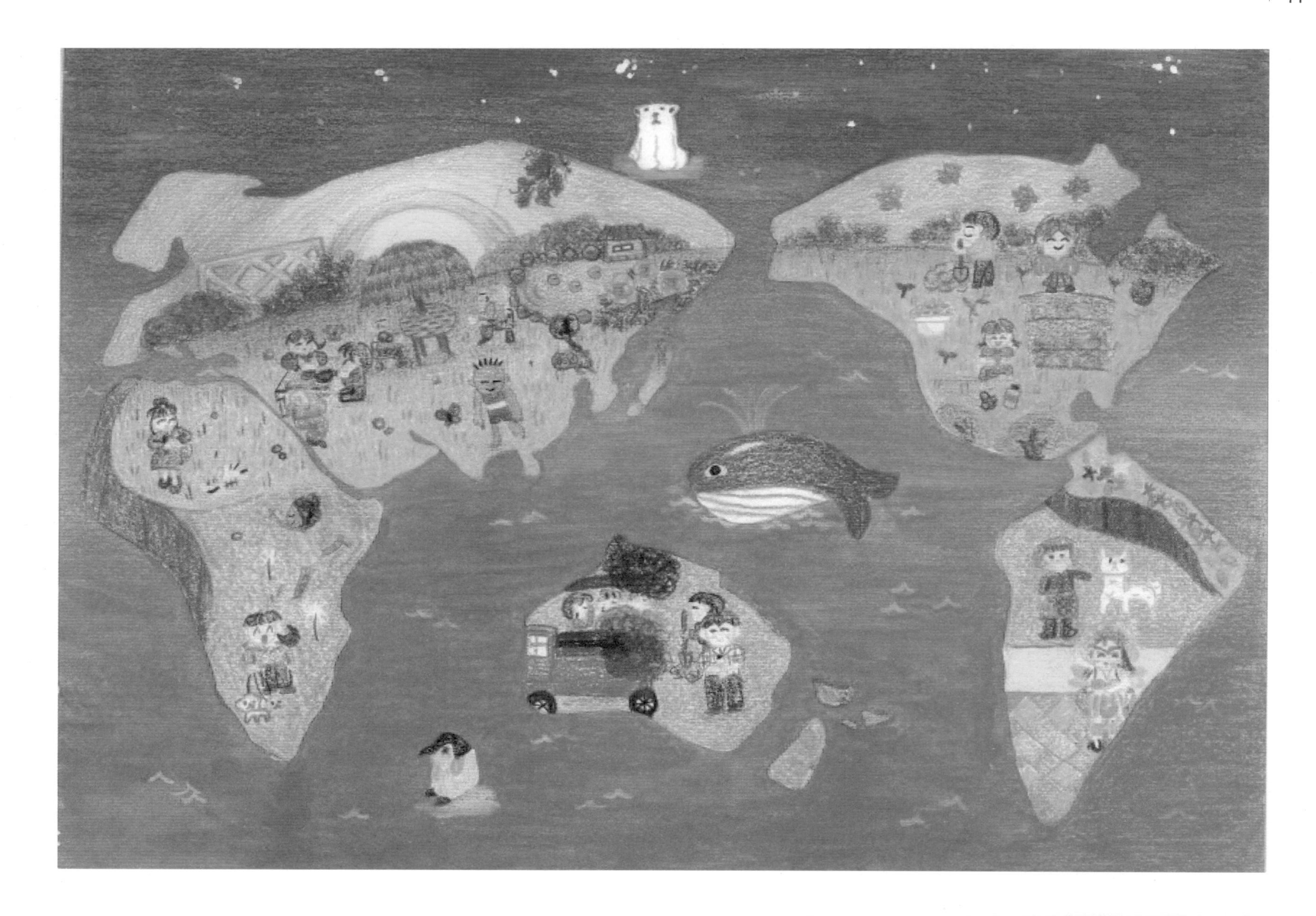

전북 정읍남초등학교 3학년 정민지

제목: 차별 없는 인권이 존중받는 따뜻한 세계

간략한 세계지도 위에 사람들이 행복하게 살아가는 모습을 그리고 있다. 아름다운 자연 속에서 멋진 집과 정원, 식탁 앞에 둘러앉은 가족, 천진난만한 세상의 아이들과 웃음이 만발한 따뜻한 세계를 보여 준다. 바다에 사는 북극곰, 대왕고래, 펭귄 등도 함께 행복한 세계를 꿈꾸고 있다. 인간의 차별이 존재하지 않는 곳에서 가족과 친구들이 조화롭게 사는 세계를 바라고 있으며, 그곳에는 인간과 자연 또한 함께하고 있다.

대한민국

전북 옹동초등학교 4학년 김희온

제목: 같지만 다른 환경

하나의 세계를 두 지역으로 나누어 상반된 풍경을 그린 세계지도이다. 한쪽은 자연이 파괴되고 오염된, 쓰레기가 넘치는 곳이고, 다른 한쪽은 자연이 잘 보존되고 생물이 행복하게 살아가는 곳이다. 우리에게 어떤 환경에서 살고 싶은지를 묻는 듯하다. 건강한 환경을 만들고 지구를 보호하기 위해서는 어떤 노력을 해야 하는지를 세계지도 한 장으로 이야기하고 있다.

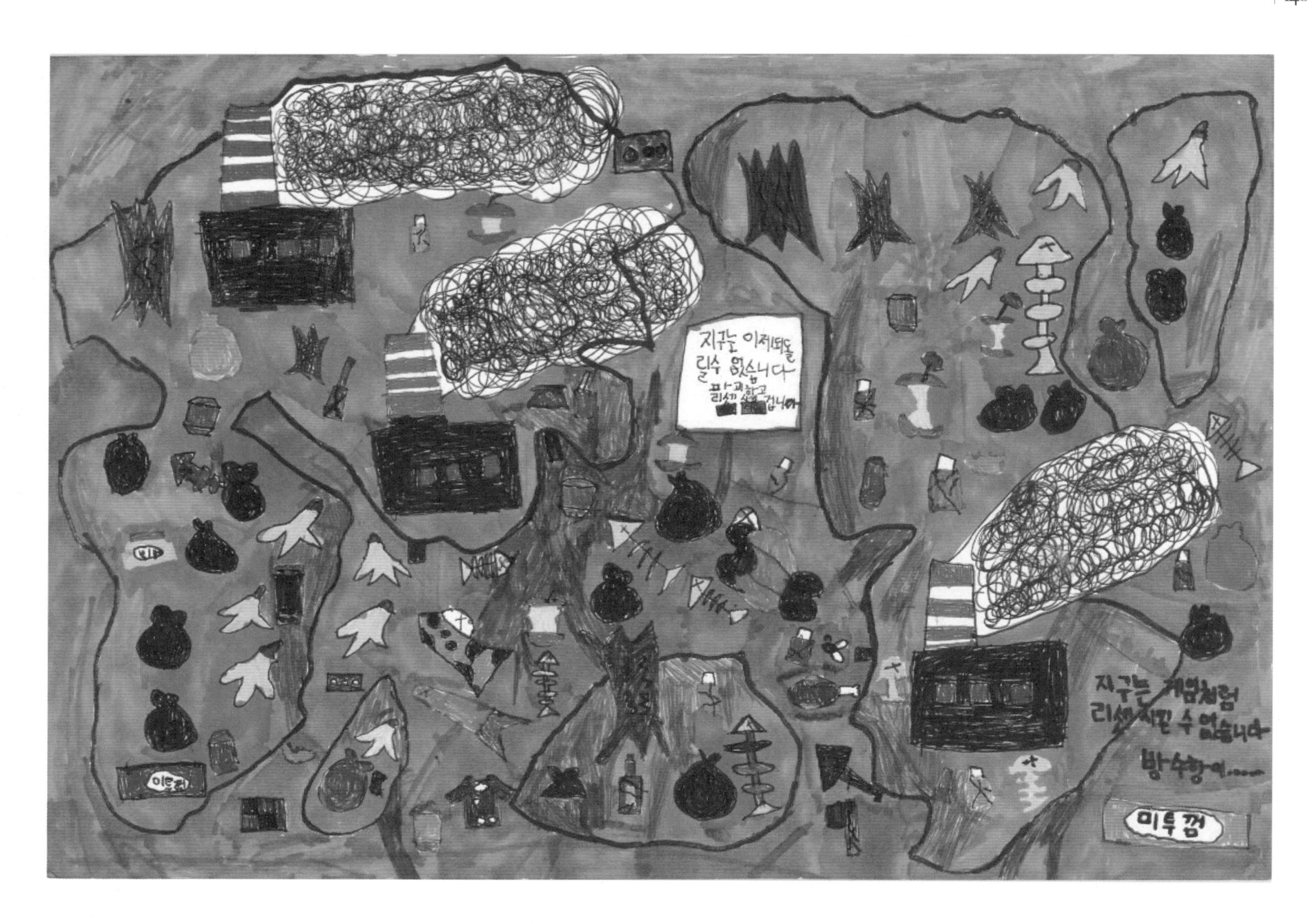
지구는 이제 되돌릴수 없습니다
지구는 게임처럼 리셋 시킬 수 없습니다
미투껌

전북 옹동초등학교 4학년 방수항

제목: 지구는 리셋할 수 없어요

지구의 대륙 모양을 거친 윤곽으로 그리고 대륙을 갈색으로 표현하여 지구의 오염된 환경을 고발하는 세계지도이다. 지구의 대기는 심각하게 오염되고 육지와 바다는 사람들이 무분별하게 자연을 파괴하고 온갖 쓰레기로 몸살을 앓고 있다. 한번 파괴된 지구는 '게임처럼 리셋할 수 없다', '지구는 이제 되돌릴 수 없습니다. 파괴하고 리셋할 겁니까'라는 표현으로 강력하게 지구 환경문제를 이야기하고 있다.

전북 옹동초등학교 4학년 조재준

제목: 지구가 울어요!

둥근 지구의 한쪽은 갈색 대륙으로, 다른 한쪽은 녹색 대륙으로 표현하여 슬프게 눈물을 흘리고 있는 지구의 현실을 고발하는 세계지도이다. 각각의 대륙을 떨어뜨려 배치했는데, 아프리카와 오스트레일리아를 너무 가깝게 그렸다. 오염된 지구와 건강한 지구를 나란히 보여 주면서 지구환경을 파괴하는 요소들, 즉 자동차 배기가스, 공장의 배출가스, 삼림파괴, 폐수 방출, 생활 쓰레기 등을 고발하고 있다. 지금 지구는 울고 있다! 더 늦기 전에 우리 모두가 위험에 처해 있는 지구를 살리자는 메시지를 전하고 있다.

당신이 무심코
버린쓰레기
지구에게는 큰
아픔입니다

전북 옹동초등학교 5학년 김서율

제목: 당신이 무심코 버린 쓰레기, 지구에게는 큰 아픔입니다

지구가 뜨겁고 긴급하게 치유를 받아야 함을 고발하는 세계지도이다. 지구는 지금 많이 아프다. 사람들이 지구를 돌보지 않으면 안 될 정도로 병이 든 상태이다. 지구를 살리기 위해서는 환경을 생각하는 습관이 필요하다. 특히나 사람들이 버리는 쓰레기로 지구의 환경이 나빠지는 상황에서는 더더욱 그렇다. 쓰레기가 없는 지구가 되기를 바라는 마음이 느껴지는 지도이다.

전북 용흥초등학교 6학년 장은서

제목: 대륙별 대표 동물들

대륙을 녹색으로, 바다를 파란색으로 지구를 그린 세계지도이다. 세계의 각 대륙에는 대표적인 동물들이 살고 있다. 이 세계지도에는 아프리카의 사자, 아시아의 판다와 북극곰, 북아메리카의 비버 · 흰머리독수리, 남아메리카의 투칸, 오스트레일리아의 캥거루, 그린란드의 백곰, 북극해의 일각고래, 남극의 펭귄, 인도양의 돌고래, 태평양의 고래, 대서양의 바다거북이를 표현하고 있다.

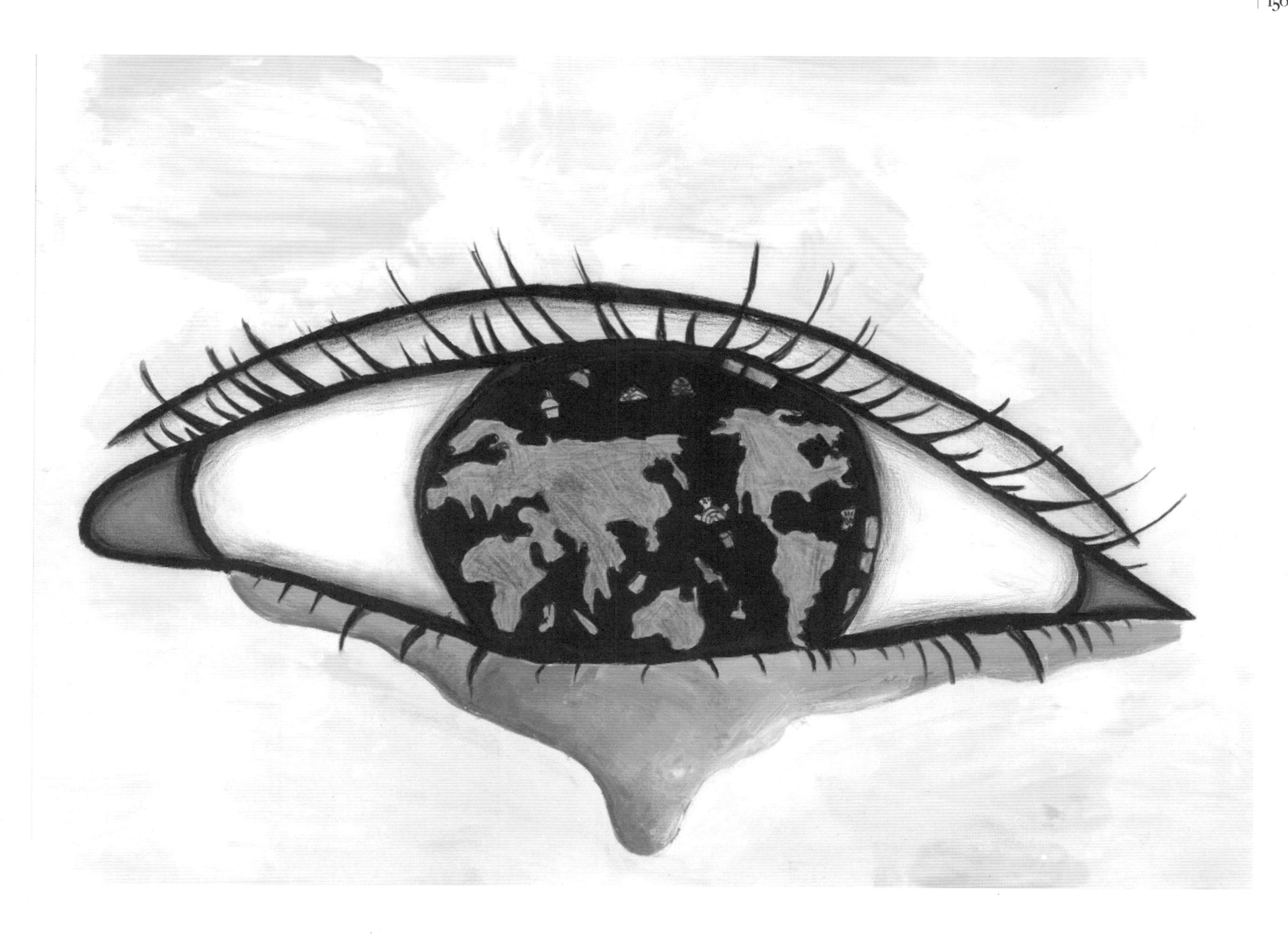

전북 전주교육대학교 군산부설초등학교 6학년 이영혜

제목: 지구의 눈물

눈동자에 지구를 그려 녹색으로 대륙을, 검은색으로 바다를 표현하여 눈물을 흘리는 모습을 그린 세계지도이다. 눈동자 안의 바다는 각종 쓰레기로 가득하고, 이를 거북이가 먹이로 착각하고 삼켜 버렸다. 이런 아픔을 지니고 있어 지구는 울고 있다. 지구의 슬픔이 고스란히 전해져 나 또한 눈물이 난다. 지구가 눈물을 거둘 수 있도록 우리 모두의 노력이 필요함을 보여 주고 있다.

전북 전주교육대학교 군산부설초등학교6학년 박주은

제목: 무제

색연필으로 지구의 윤곽을 간결하게 그리고 지구를 보호하는 방안을 제시하는 세계지도이다. 세계지도를 통해 지구의 아픈 모습을 보여 준다. 물을 아껴 쓰고 재활용하고 전기 플러그를 빼어 두는 등의 실천을 통하여 숲과 환경을 보호할 필요가 있다. 지구를 보호하기 위해 지구촌의 어린이들이 손에 손 잡고 나서 보자고 주장한다.

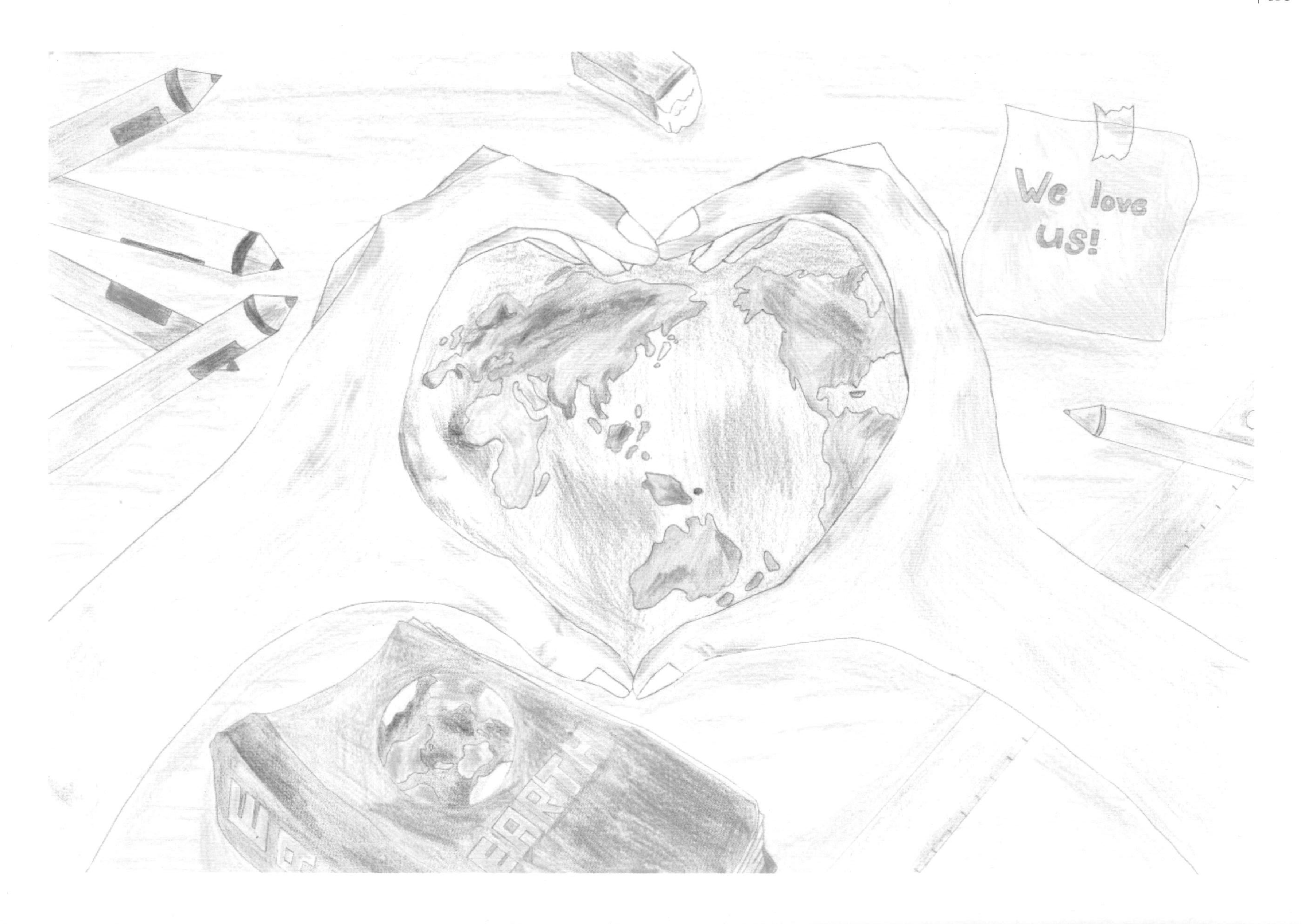
We love
us!
EARTH

전북 전주교육대학교 군산부설초등학교 6학년 정보명

제목: we love us!

손 하트 안에 지구의 대륙과 바다를 색연필로 그린 세계지도이다. 이 세계지도는 궁극적으로 지구를 보호하자는 내용을 담고 있다. 우리가 진정으로 지구를 사랑하고, 그 사랑으로 지구를 보호하자고 말한다.

제4장

경제·환경문제 세계지도

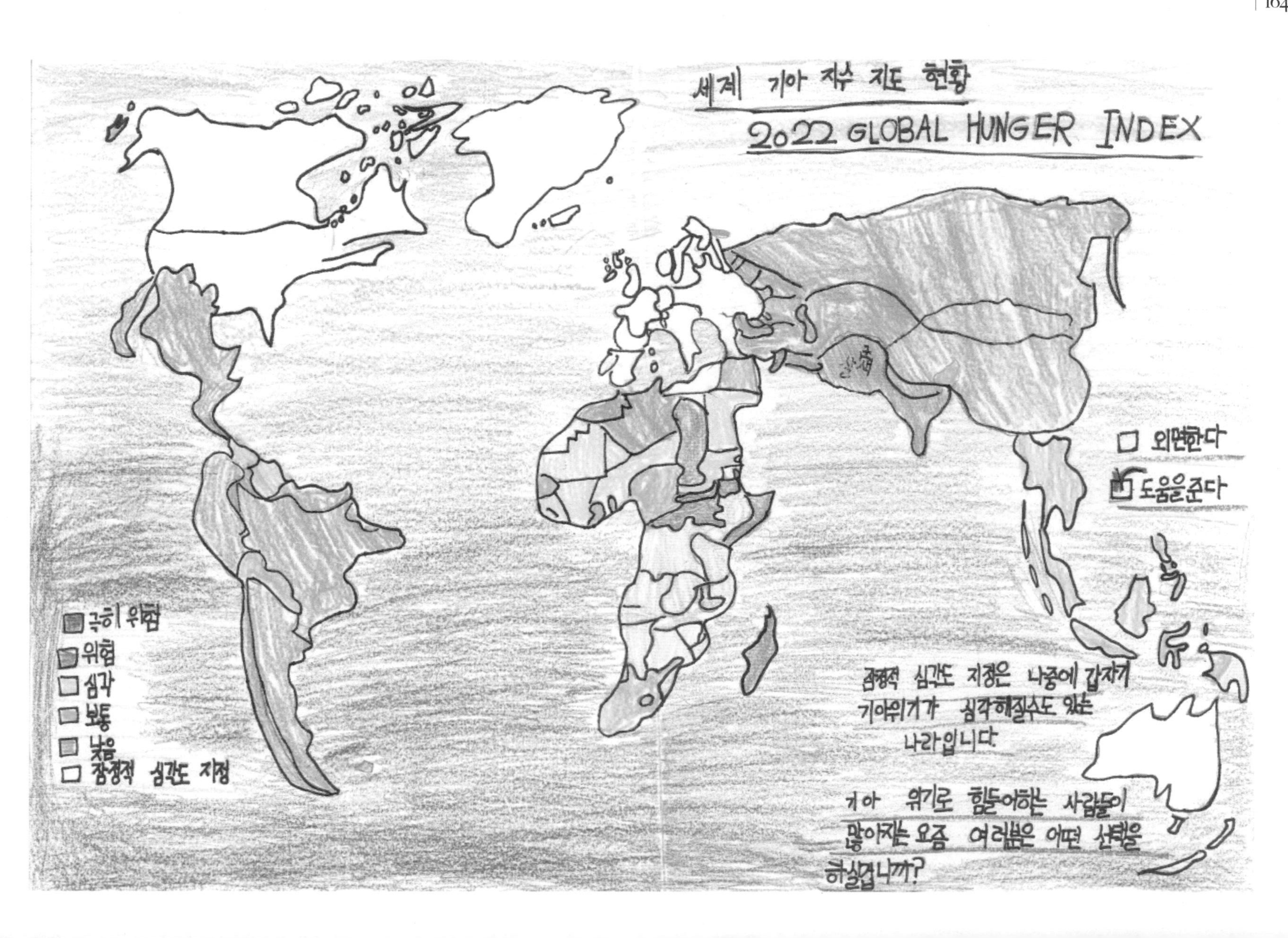
세계 기아 지수 지도 현황
2022 GLOBAL HUNGER INDEX
□ 외면한다
☑ 도움을준다
극히 위험
위험
심각
보통
낮음
잠정적 심각도 지정
잠정적 심각도 지정은 나중에 갑자기 기아위기가 심각해질수도 있는 나라입니다.
기아 위기로 힘들어하는 사람들이 많아지는 요즘 여러분은 어떤 선택을 하실겁니까?

전북 송천초등학교 5학년 반하겸

제목: 세계 기아 지수 지도 현황

세계의 기아가 어느 정도 심각한가를 지표로 그린 세계지도이다. 이는 주제도로서 세계의 기아 지수를 극히 위험에서 낮음까지로 나누어 설명한다. 아프리카 지역의 기아가 심각함을 보여 준다. 유럽·북아메리카·오스트레일리아 등은 나중에 갑자기 기아 위기가 심각해질 수 있는 나라로 분류되어 있다. '기아 위기로 힘들어하는 사람들이 많아지는 요즘 여러분은 어떤 선택을 하실 겁니까?'라고 묻고, '도움을 준다'라고 스스로 답하고 있다.

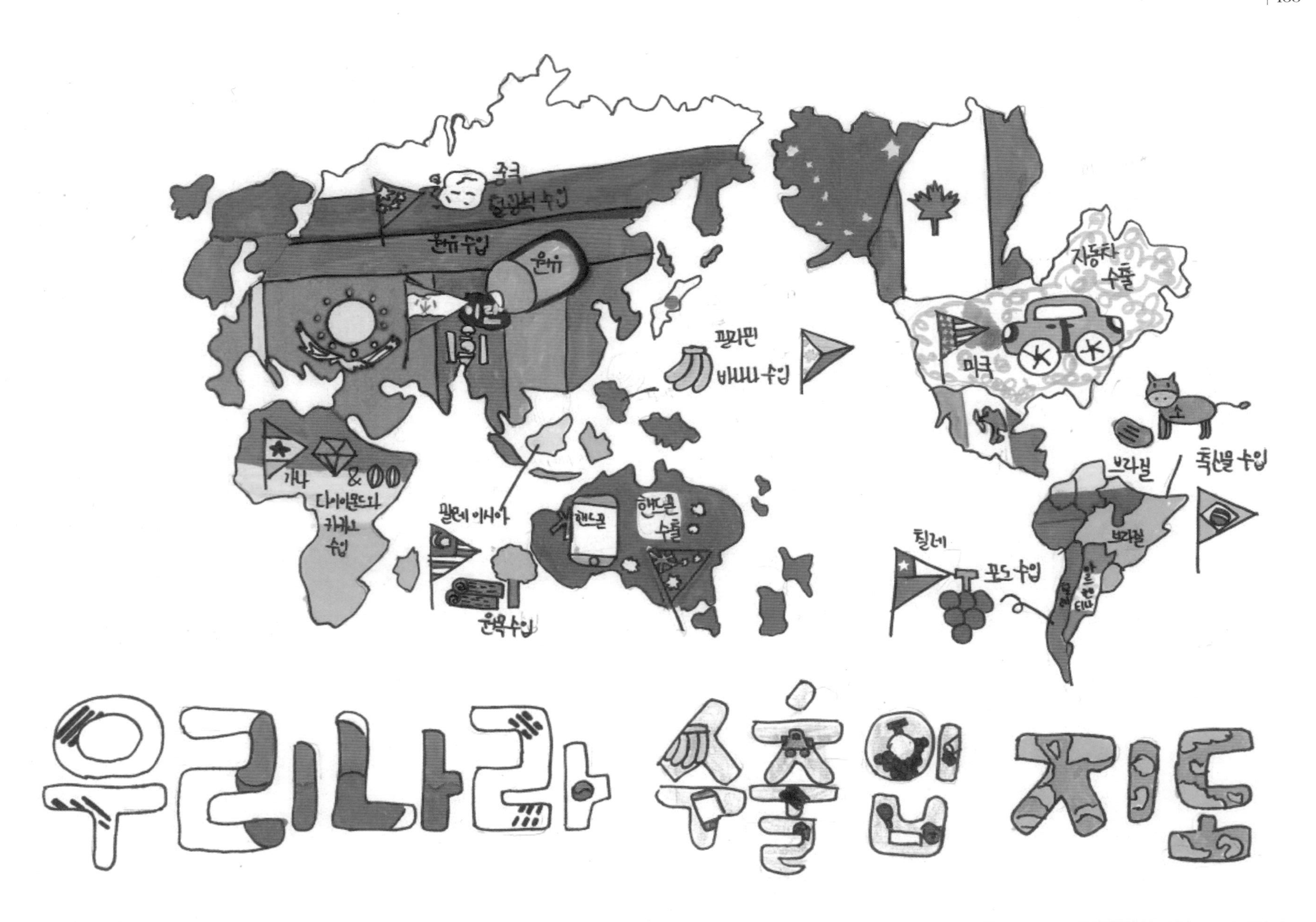
중국
철광석 수입
원유 수입
원유
이란
필리핀
바나나 수입
자동차
수출
미국
소
축산물 수입
브라질
브라질
가나
&
다이아몬드와
카카오
수입
말레이시아
원목 수입
핸드폰
핸드폰
수출
칠레
포도 수입
우리나라 수출입 지도

전북 인봉초등학교 5학년 장유정

제목: 우리나라 수출입 지도

우리나라가 주로 수입과 수출을 하는 나라와 해당하는 품목을 제시한 수출입 주제를 다룬 세계지도이다. 수입 품목은 중국의 철광석, 이란의 원유, 가나의 카카오, 말레이시아의 원목, 칠레의 포도, 필리핀의 바나나 등이다. 그리고 수출 품목은 미국의 자동차, 오스트레일리아의 핸드폰 등이다. 우리나라는 주로 원료와 농산물을 수입하고 공산품을 수출하고 있다.

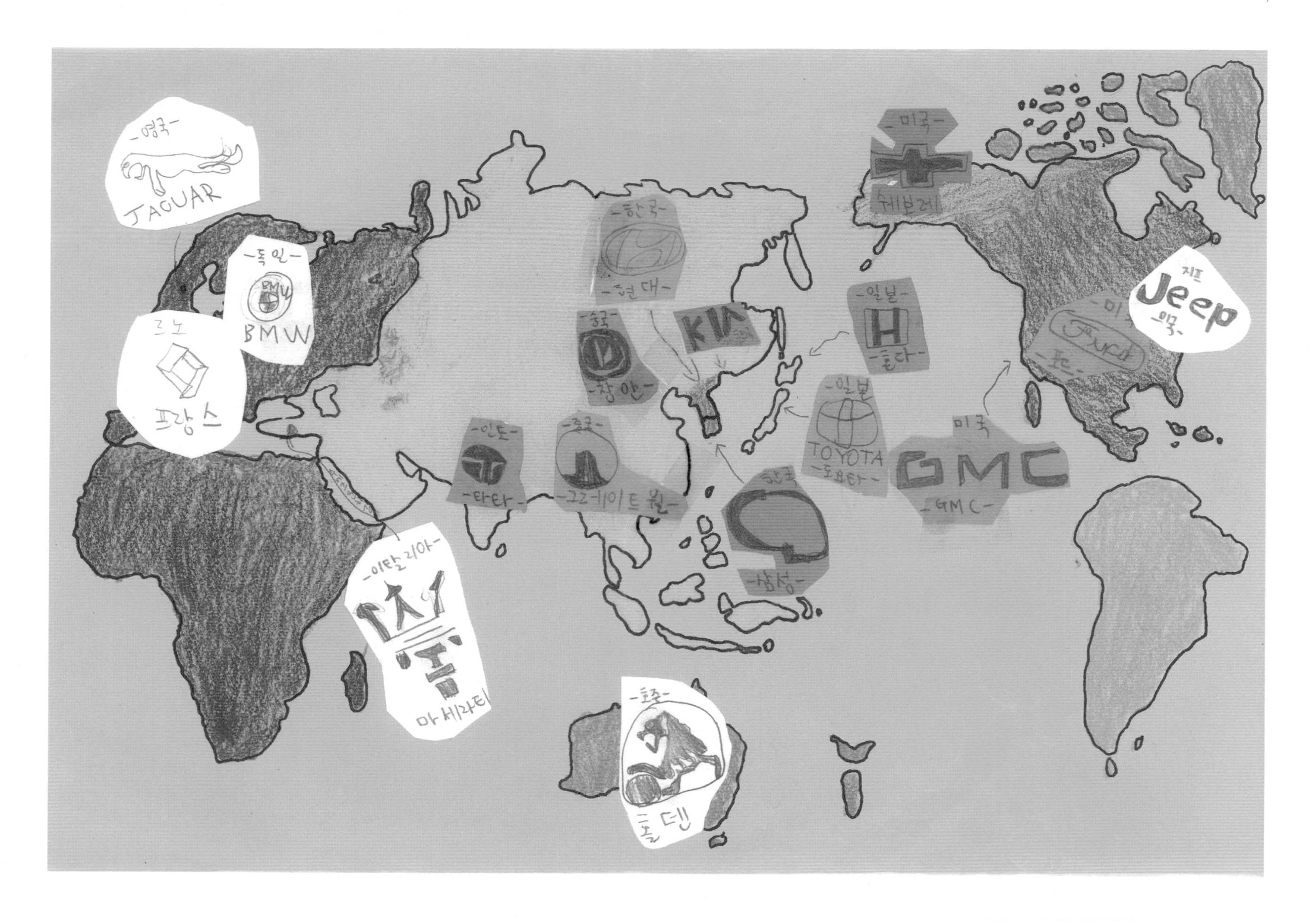
-영국-
JAGUAR
-독일-
BMW
프랑스
-이탈리아-
마세라티
-한국-
-현대-
-창안-
KIA
-인도-
-타타-
-그레이트월-
-삼성-
-일본-
H
-혼다-
-일본-
TOYOTA
-도요타-
미국
GMC
-GMC-
-미국-
쉐보레
-포드-
지프
Jeep
미국
-호주-
홀덴

광주광역시 광주교육대학교 부설초등학교 6학년 김진혁

제목: 세계의 자동차 회사

지구의 대륙을 각기 다른 색으로 색칠하고 나라별로 주요 자동차 회사의 로고를 그린 세계지도이다. 유럽에서는 영국의 재규어, 독일의 BMW, 프랑스의 르노, 이탈리아의 마세라티 자동차를, 북아메리카에서는 미국의 지프·쉐보레·GMC·포드 자동차를, 아시아에서는 한국의 현대·기아를, 일본의 도요타·혼다, 중국의 창안 자동차를 소개하고 있다.

세계의 환경문제
유럽
아시아
북아메리카
아프리카
오세아니아
남아메리카
남극 대륙
설명
오세아니아 - 지구온난화로 인한 해수면 상승, 호주 화재
아시아 - 해양 폐기물, 대기오염으로 자연·생태계 파괴 / 기후변화로 인한 홍수, 가뭄, 산불 등으로 인명 피해 / 천연자원 고갈, 생물 다양성 위축 등
유럽 - 원자력발전 폭발 위험, 대기 오염 심각
아프리카 - 북부의 나라들은 건조기후. 중부는 열대우림과 물부족, 내전 등으로 어려움.
남/북 아메리카 - 미국 서부 사막화 심각, 캘리포니아주 식수 공급 차질 발생, 북극곰 서식지 줄어, 이상기후, 기상이변, 하와이 플라스틱 섬 문제, 플라스틱으로 인한 환경 문제
열대기후 : 8℃ 이상
건조기후 : -40℃ ~ 45℃
온대기후 : 18℃ ~ -3℃
냉대기후 : -3℃ ~ 10℃
한대기후 : -3℃ ~ 10℃ 이하
고산기후 : 10℃ ~ 15℃
한대 기후 ↓
↓
땅속 바이러스들이 퍼질 우려
↓
여러 차례 경고

울산광역시 중산초등학교 6학년 정수아

제목: 세계의 환경문제

세계의 기후대를 보여 주고 기후대별로 가지고 있는 환경문제를 소개하는 세계지도이다. 세계의 주요 환경문제로서 오세아니아는 지구온난화로 해수면이 상승하고, 특히 오스트레일리아에서는 큰 화재가 발생하고 있다. 아시아는 해양 폐기물과 대기 오염으로 자연생태계가 파괴되고 있으며 기후변화로 인해 홍수, 가뭄, 산불 등으로 인명 피해를 겪고 있다. 유럽은 원자력 발전 폭발 위험이 있고 대기오염이 심각하다. 아프리카의 북부 나라들은 건조기후로, 중부 아프리카는 내전으로 어려움을 겪고 있다. 남북 아메리카에서는 미국 서부의 사막화가 심각하고 이상기후 문제가 발생하면서 북극곰의 서식지가 파괴되고 있다. 태평양에서는 플라스틱 쓰레기로 인한 플라스틱 섬이 늘어나고 있다.

이 모습이
맞는 걸까요?
러시아
카자흐스탄
몽골
프랑스
에스파냐
터키
이란
이집트
사우디아라비아
중국
대한민국
일본
알제리
수단
인도
베트남
말리
차드
필리핀
인도네시아
탄자니아
마다가스카르
앙골라
남아프리카공화국
오스트레일리아
뉴질랜드
캐나다
미국
멕시코
페루
브라질
칠레
아르헨티나
분리수거가 되지 않는 지도

울산광역시 중산초등학교 6학년 김주언

제목: 이 모습이 맞는 걸까요?

온 세계에서 분리수거가 되지 않는 쓰레기 문제를 담은 세계지도이다. 세계지도에는 어두운 채색과 라인으로 지구촌의 쓰레기 문제가 심각함을 보여 주고 있다. 그리고 '이 모습이 맞는 걸까요?'라고 질문으로 우리들이 지구를 지킬 수 있냐고 강하게 반문하고 있다.

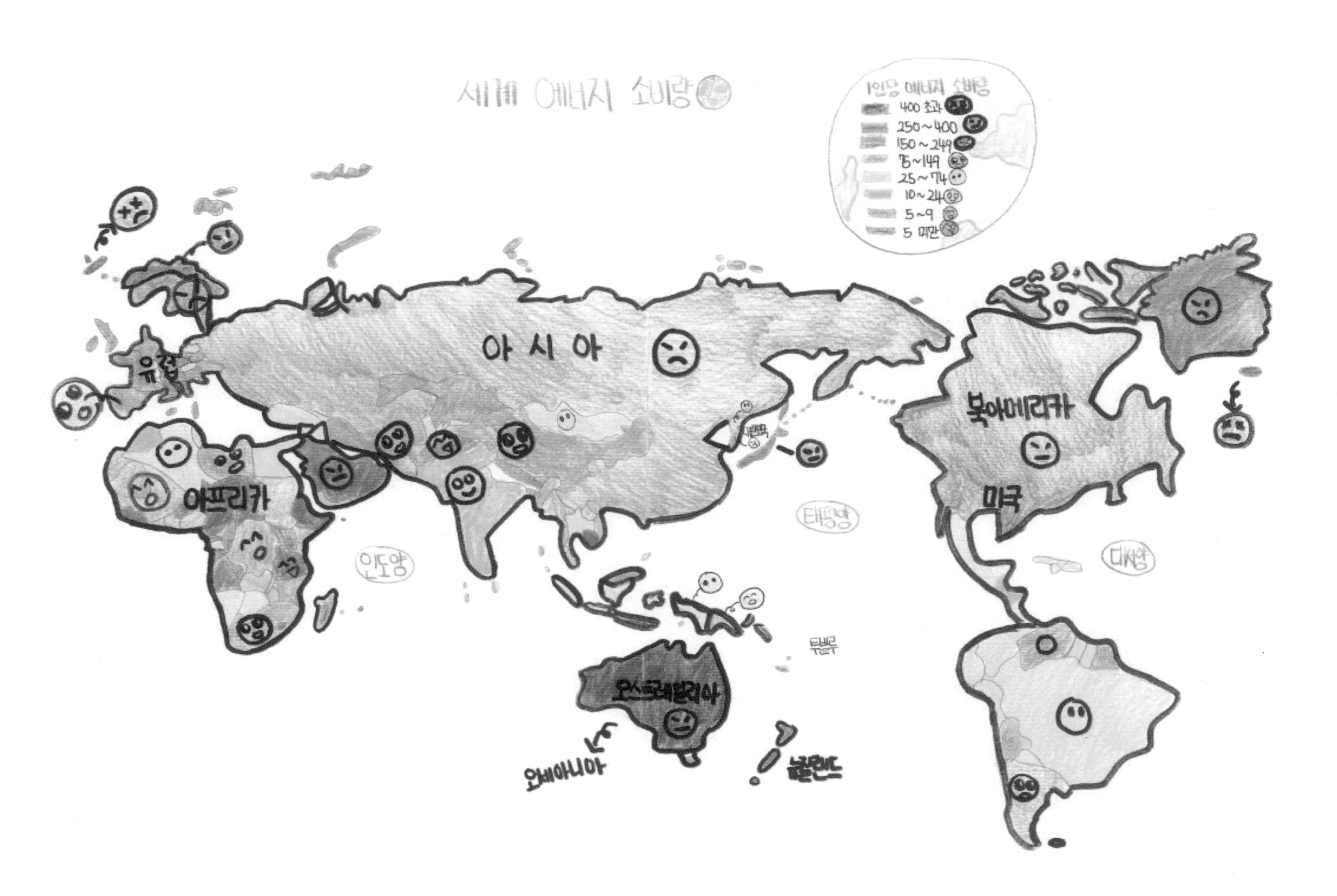
세계 에너지 소비량
1인당 에너지 소비량
400 초과
250~400
150~249
75~149
25~74
10~24
5~9
5 미만
아시아
유럽
아프리카
북아메리카
미국
오스트레일리아
오세아니아
뉴질랜드
투발루
인도양
태평양
대서양

울산광역시 중산초등학교 6학년 김진지

제목: 세계 에너지 소비량

세계의 1인당 에너지 소비량을 수치지표, 얼굴 찡그림 정도, 색깔의 차이로 그린 세계지도이다. 에너지 소비량이 대륙과 국가마다 차이가 크다는 것을 보여 주고 있다. 특히 유럽·아시아·북아메리카·오스트레일리아의 에너지 소비량이 높은 반면, 아프리카·남아메리카의 소비량은 적음을 알 수 있다.

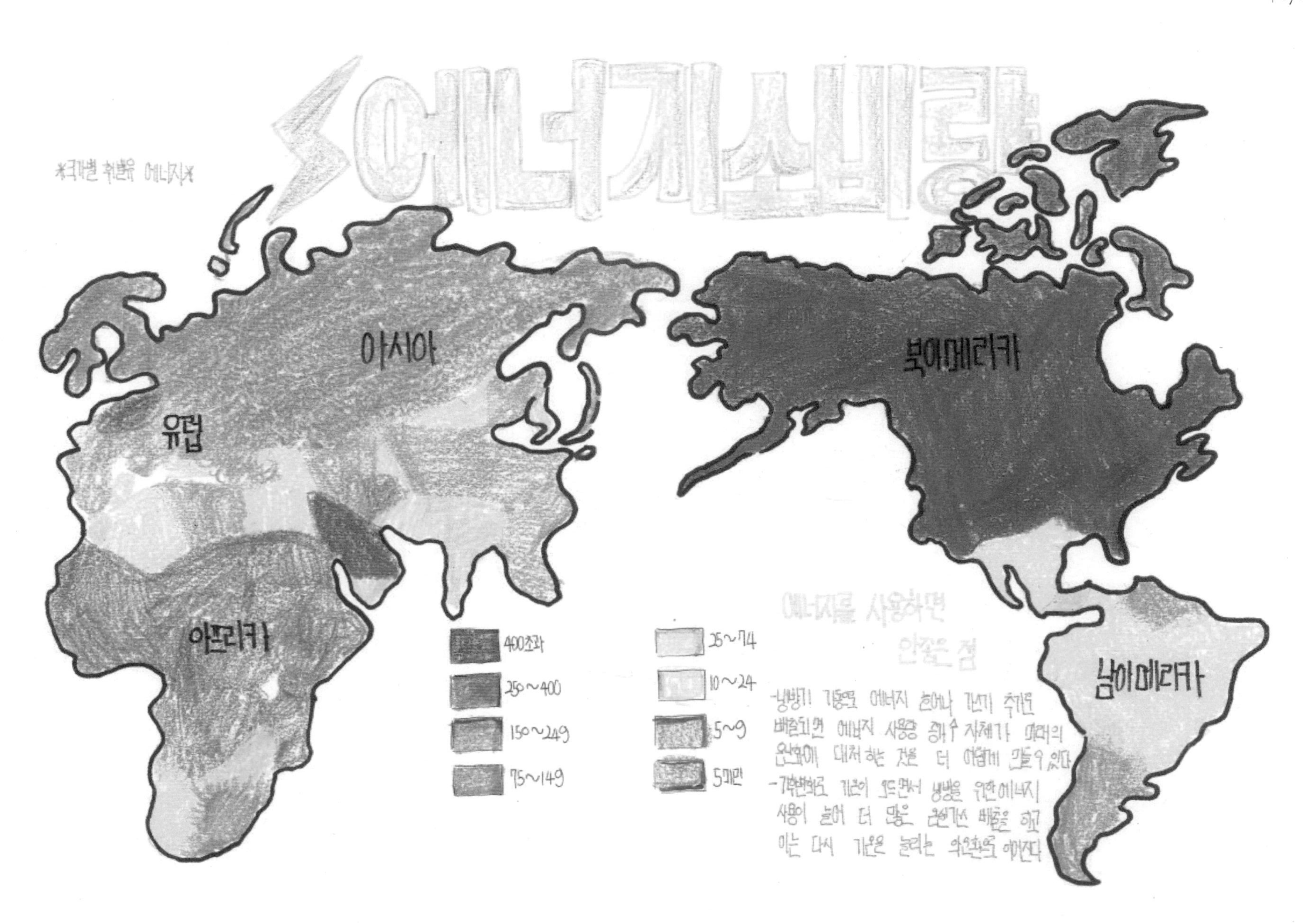
에너지 소비량
아시아
유럽
아프리카
북아메리카
남아메리카
400초과
250~400
150~249
75~149
25~74
10~24
5~9
5미만
에너지를 사용하면
안좋은 점
-냉방기 가동으로 에너지 소비나 가스가 추가로
배출되면 에너지 사용량 증가 자체가 미래의
온난화에 대처하는 것을 더 어렵게 만들 수 있다
-기후변화로 기온이 오르면서 냉방을 위한 에너지
사용이 늘어 더 많은 온실가스 배출을 하고
이는 다시 기온을 높이는 악순환으로 이어진다

울산광역시 중산초등학교 6학년 박설리

제목: 에너지 소비량

세계의 에너지, 특히 휘발유 에너지의 소비량을 보여 주는 세계지도이다. 북아메리카·아시아·유럽은 에너지 소비량이 많고, 아프리카 등은 에너지 소비량이 적음을 알 수 있다. 에너지를 지나치게 많이 사용하면 안 좋은 점을 설명하기도 한다. 냉방기 가동으로 에너지의 사용량이 증가하면 지구온난화가 심각해지고, 온난화로 기온이 오르면 냉방을 위해 에너지 사용량이 늘어나 더 많은 온실가스가 배출된다. 이것은 악순환을 가져와서 다시 지구의 기온을 높이는 일로 이어진다고 설명하고 있다.

세계 쓰레기 배출량 지도
인당 1회용 쓰레기 배출량 4위(영국)
인당 1회용 쓰레기 배출량 8위(독일)
인당 1회용 쓰레기 배출량 6위(프랑스)
인당 1회용 쓰레기 배출량 7위(스페인)
인당 쓰레기 배출량 9위(중국)
인당 쓰레기 배출량 3위 (대한민국)
인당 1회용 쓰레기 배출량 10위(인도)
인당 1회용 쓰레기 배출량 5위(일본)
인당 1회용 쓰레기 배출량 1위 (오스트레일리아)
인당 1회용 쓰레기 배출량 2위(미합중국)
쓰레기들이 원형 순환해류와 바람의 영향을 받아 한 곳으로 모여 거대한 섬을 이루고 있다. (쓰레기 섬)
2019년 인당 1회용 쓰레기 배출량(kg)
오스트레일리아 59
미합중국 53
대한민국 44
영국 44
일본 37
프랑스 36
스페인 34
독일 22
중국 18
인도 4

울산광역시 중산초등학교 6학년 이다인

제목: 세계의 쓰레기 배출량 지도

세계의 1회용 쓰레기 배출량과 배출량의 순위를 보여 주는 세계지도이다. 유럽에서는 영국·프랑스·독일이, 아시아에서는 한국·일본·중국·인도가, 북아메리카에서는 미국이, 오세아니아에서는 오스트레일리아가 쓰레기를 많이 배출하고 있다. 그리고 태평양 가운데에서는 원형 순환 해류와 바람의 영향으로 쓰레기들이 한곳에 모여 거대한 쓰레기 섬이 만들어지고 있음을 보여 주고 있다.

나라별 공기를
더럽히는 정도
거의 안 더럽힘
조금 더럽힘!
많이 더럽힘
완전 왕이 더럽힘
노르웨이
러시아
CHINA
우크라이나
일본
한국
캐나다
미국
쓰레기 섬
멕시코
브라질
칠레
호주
인도
사하라 사막

울산광역시 중산초등학교 6학년 임민호

제목: 나라별 공기를 더럽히는 정도

세계 주요 국가들이 지구의 대기를 오염시키는 정도를 보여 주는 세계지도이다. 이 세계지도는 나라의 대기오염 정도를 거의 안 더럽힘에서 완전 많이 더럽힘으로 소개하고 있다. 아프리카와 남아메리카는 대기오염도가 거의 안 더럽힘이나 조금 더럽힘 수준이고, 유럽과 아시아, 북아메리카는 대기오염도가 많이 더럽힘 수준임을 보여 주고 있다. 그리고 태평양의 쓰레기 섬 문제, 해양오염으로 인한 해양생태계 파괴 문제를 제기하고 있다.

어린이 세계지도

초판 1쇄 발행 2023년 9월 27일

엮은이 이경한
펴낸이 김선기
펴낸곳 (주)푸른길
출판등록 1996년 4월 12일 제16-1292호
주소 (08377) 서울시 구로구 디지털로 33길 48 대륭포스트타워 7차 1008호
전화 02-523-2907, 6942-9570~2
팩스 02-523-2951
이메일 purungilbook@naver.com
홈페이지 www.purungil.co.kr

ISBN 978-89-6291-070-4 03980

*이 저서는 2019년도 교육부와 한국연구재단의 지원을 받아 수행된 연구(NRF-2019H1G1A1071300)임.